W0227010

Klaus Rudat

Bernstein

Ein Schatz an unseren Küsten

Entstehung
Gewinnung - Verarbeitung

Mit Fotos von
Hans Hermann Kähler

Husum

Umschlagbild: Rohbernstein von der Nordseeküste aus St. Peter-Ording in Brunsbütteler Keramikgefäßen (vorne); Kabinettschrank aus Ostdeutschland, Anfang 18. Jhdt., 109 cm hoch (Germanisches Nationalmuseum Nürnberg) (hinten).

CIP-Titelaufnahme der Deutschen Bibliothek

Bernstein – ein Schatz an unseren Küsten : Entstehung – Gewinnung – Verarbeitung / Klaus Rudat. Mit Fotos von Hans Hermann Kähler. – 2. Aufl. – Husum : Husum Druck- und Verlagsges., 1989
ISBN 3-88042-271-0
NE: Rudat, Klaus [Mitverf.]; Kähler, Hans Hermann [Ill.]

2. Auflage 1989
© 1985 by Husum Druck- und Verlagsgesellschaft mbH u. Co. KG, Husum
Satz: Fotosatz Husum GmbH
Druck und Verarbeitung: Husum Druck- und Verlagsgesellschaft
Postfach 1480, D-2250 Husum
ISBN 3-88042-271-0

Vorwort

An den Küsten der Nordsee und der Ostsee kann man Bernstein finden. Man nennt ihn Baltischen Bernstein. Ostsee- und Nordseebernstein sind gleichen Ursprungs, denn Ort und Zeit ihrer Entstehung sind identisch. Der Begriff „Baltischer Bernstein" deutet darauf hin, daß die Ostsee, auch Baltisches Meer genannt (Baltikum = Estland, Lettland, Litauen), im Englischen „Baltic Sea", bernsteinreicher als die Nordsee ist. Dies gilt insbesondere für die Küsten der früheren preußischen Provinzen Ostpreußen, Westpreußen und Pommern.

Dieses Buch will Informationen über die Entstehung, das Alter, die Beschaffenheit und die Ursachen der Verlagerung aus dem Entstehungsgebiet in andere Gebiete, auch über die Einstellung der Menschen zum Bernstein, sowie deren Bearbeitungstechniken in verschiedenen geschichtlichen Epochen vermitteln. Es soll aber auch den Urlaubern an unseren Küsten Hinweise geben, unter welchen Bedingungen sie Bernstein finden können. Wer selbst einmal Bernstein bearbeiten möchte, soll in diesem Buch einige Anleitungen finden.

Nicht zuletzt soll dieses Buch auch die Menschen, die aus den nordöstlichen preußischen Provinzen des früheren Deutschen Reiches stammen, an ihre Heimat erinnern.

Bernsteinfunde sind jedoch nicht nur auf die heimatlichen oder früher heimischen Küsten beschränkt. Man findet ihn an vielen Küsten: an der rumänischen Schwarzmeerküste, an der sizilianischen und libanesischen Mittelmeerküste, in Hinterindien, in Kanada, und neuerdings gelangen immer größere Mengen aus der Karibik in unser Land (dominikanischer oder karibischer Bernstein).

Über Bernstein gibt es eine außerordentliche Menge an Fachliteratur. In der Literaturangabe in „Bernstein. Das Gold der Ostsee" von Gisela Reineking von Bock habe ich allein 788 Titel gezählt. Meine Absicht ist es, mich auf wesentliches zu beschränken und dafür eigenes Erleben und eigene Erfahrung einzubringen.

Besonders aber würde ich mich darüber freuen, wenn der Leser selbst einmal ein schönes, großes Stück Bernstein findet und sich so darüber freut, als hätte er einen Schatz gefunden.

Ein Bernsteinsammler ist fündig geworden.

Begegnungen mit Bernstein

Wieder einmal war ich draußen, weit draußen vor dem Deich auf den Sandbänken von St. Peter-Ording an der Nordseeküste. Der Wind kam in den vergangenen Tagen aus West-Nordwest, etwa mit Windstärke vier. Das ist der Wind, der eine etwas stärkere Meeresströmung verursacht und damit das mittlere Hochwasser ansteigen läßt. Diese Meeresströmung könnte auf den Sandbänken Bernstein losgespült haben. Sie könnte auch vom Grund der offenen See Bernstein mitgebracht und ihn bei ablaufendem Wasser auf den Sandbänken liegengelassen haben. Könnte! Wie oft narrten mich bei der Suche nach Bernstein kleine braune Muscheln, ein welkes Blatt, die Schere eines Krebses, mitunter die Flügeldecke eines Marienkäferchens. Ich fand dann aber doch noch einige Stückchen, das größte war allerdings nicht größer als eine Erbse. Aber es ist noch Sommer. Schwerere Stürme kommen meistens im Herbst, im Winter und im Frühjahr. Wenn solche Stürme abflauen, ist die Aussicht, Bernstein zu finden, größer. Ich freue mich über jedes gefundene Stückchen Bernstein. Keins gleicht dem anderen, was Größe, Form und Farbe anbelangt. Aber es ist nicht die Suche nach Bernstein allein, die eine solche meistens mehrstündige Sandbankwanderung immer wieder zu einem Erlebnis werden läßt, wenn man diese Landschaft gern hat. Wer Augen und Ohren öffnet, kann dabei eine Fülle von Eindrücken gewinnen. Dort rufen einige Sturmmöwen. Es hört sich an, als ob sie sich zanken. Dagegen wirken die größeren Silbermöwen oder die noch größeren Mantelmöwen eher behäbig. Mit schrillem Rufen fliegen einige Austernfischer vorbei. Alpenstrandläufer flüchten mit schnell trippelnden Schritten vor den auslaufenden Wellen. Ein Säbelschnäbler stochert am Rande eines Prieles nach Nahrung. Schnell flüchten die Garnelen, wenn man durch flaches Wasser watet, und ein Krebs öffnet drohend seine Scheren, bevor er sich tarnend im Sand vergräbt. Zwischen den Sandbänken flüstert das Watt aus vielen kleinen Poren. „Ich höre des gärenden Schlammes geheimnisvollen Ton, einsames Vogelrufen, so war es immer schon", sagt Theodor Storm in seinem Gedicht „Meeresstrand". Über allem wölbt sich ein gewaltiger Himmel von Horizont zu Horizont. An manchen Abenden zur Zeit des Sonnenunterganges glaubt man dem Maler Emil Nolde bei seiner Arbeit zuzuschauen, wenn sich bunte Wolkenberge türmen. Der weite Blick läßt auch den Gedanken freien Lauf. Angesichts dieser Weite werden Gegenwartsprobleme klarer und durchsichtiger. Die reine, klare Luft wirkt ein wenig wie Sekt. Dadurch werden die Gedanken zugleich fröhlich und heiter. Aber bei aller Liebe zu diesem Teil der Nordseeküste lasse ich doch keine Möglichkeit aus, nach Bernstein Ausschau zu halten. Vielleicht würde ich wieder eine solche Stelle finden wie vor einigen Jahren an einem zweiten Weihnachtstag, wo soviel Bernstein lag, daß ich schon etliche andere Stückchen sah, während ich eins auflas. Die Tasche meines Anoraks war prall gefüllt. Aus Neugier zählte ich zu Hause die Einzelstückchen. Es waren über zweitausend, die größten allerdings nicht größer als mittelgroße Kastanien.

Auch im winterlichen Flutsaum der Nordsee . . .

. . . kann man Bernstein finden.

Und es könnte auch sein, daß ich wie im letzten Frühjahr ein Einzelstück von der Größe einer Kinderfaust finde. Natürlich dürfte es auch etwas größer sein.

Mein Interesse für Bernstein reicht bis weit in meine Kindheit zurück. Ich war gerade zur Schule gekommen, als ich mein erstes Stück Bernstein am Strand von Brüsterort, an der Nordwestspitze des ostpreußischen Samlandes, fand. Mein Vater war dort als Leuchtfeuermaschinist tätig. Zunächst wußte ich nicht, daß dieser Stein von der Größe einer mittelgroßen Kartoffel ein Bernstein war. Er lag zwischen anderen Steinen und Seetang. Mir war jedoch sein rötlicher Glanz aufgefallen, und ich hob ihn auf. Ich war überrascht, wie leicht der Stein war. Eine Hälfte war rötlich-durchsichtig, die andere mehr gelblich-trübe. Als ich ihn gegen die Sonne hielt, entdeckte ich in der durchsichtigen Hälfte etwas Dunkles, das mich eigentlich störte. Schnell lief ich nach Hause und zeigte den Fund meinem Vater. Ich war der festen Meinung, einen Edelstein gefunden zu haben, und war deshalb etwas enttäuscht, als ich von ihm erfuhr, daß ich ein Stück Bernstein gefunden hätte, das aus dem Harz von Bäumen längst versunkener Wälder entstanden sei. Aber genaueres wußte er auch nicht. Ich war jedoch etwas versöhnt, weil er meinte, ich hätte ein besonders schönes Stück gefunden. Er untersuchte das Stück mit einer Lupe und stellte dabei fest, daß das Dunkle den Einschluß eines Stückchens Baumrinde darstellte. Er meinte, daß Stücke mit solchen Einschlüssen recht selten seien. Ein Arbeitskollege meines Vaters nahm es noch am selben Tag zur Bearbeitung mit. Er sagte mir zu, daß ich dabei zuschauen dürfte. Dazu hatte ich schon an einem der nächsten Tage Gelegenheit. Er glättete zuerst mit grobem, dann mit feinem Sandpapier die Oberfläche. An einigen Stellen entfernte er die Verwitterungsrinde. Hin und wieder pustete er den gelblich-weißen Staub fort, der durch das Schleifen entstanden war. Dann begann er zu polieren. Dafür verwendete er ein Wolltuch, auf das er ab und zu spuckte, bevor er es in eine Blechschachtel mit Zigarrenasche eintauchte. „Feuchte Zigarrenasche ist das beste Poliermittel", erläuterte er. Der Glanz der Oberfläche wurde immer schöner. Deutlich war auch der Einschluß zu erkennen. Zuletzt erhitzte er die Oberfläche durch heftiges Reiben auf dem Wolltuch. Er zeigte mir, wie der Stein nun gleich einem Magneten kleine Papierschnitzelchen anzog, und ich durfte es auch probieren. Das so bearbeitete Bernsteinstück fand einen Platz an sichtbarer Stelle unseres Wohnzimmerschrankes, und wenn Besuch kam, wurde es oft bewundert.

Von nun an hielt ich meine Augen offen, wenn ich am Strand war. Ich lernte mit der Zeit, wann und wo ich suchen mußte, wenn ich Bernstein finden wollte. Als ich später Soldat wurde, besaß ich eine ziemlich ansehnliche kleine Bernsteinsammlung, die ich in etlichen Zigarrenkisten nach Größe und Schönheit der Stücke geordnet aufbewahrte. Sie ist in Ostpreußen geblieben, denn als meine Mutter ihre Heimat verlassen mußte, hatte sie sicher wichtigere Dinge mitzunehmen als meine Bernsteinsammlung.

In den letzten Jahren habe ich an der Nordsee mindestens ebenso viel Bernstein gefunden, wie ich in meiner Heimat zurückgelassen habe. Es ist immer wieder etwas Besonderes, Bernstein zu suchen, und eine noch größere Freude ist es, Bernstein zu finden. Im vergangenen Frühjahr fand ich ein tiefrotes, tropfenförmiges Stück mit dem Durchmesser etwa eines Markstückes. Als ich es aufnahm, sagte ich laut und deutlich, jedoch unbewußt „Danke". Die Nordsee hatte mir soeben ein Stück Bernstein geschenkt.

Sammeln von Informationen über Bernstein

Seit der Zeit, als ich vor einem halben Jahrhundert von meinem Vater nichts Genaueres über Bernstein erfahren konnte, habe ich in den zurückliegenden Jahrzehnten doch einiges mehr darüber hinzugelernt. Jedoch erst seit einigen Jahren habe ich die Ruhe und die Muße, mich mit diesem Thema intensiver auseinanderzusetzen. Ich begann mit der systematischen Durcharbeitung der mir zugänglichen Literatur über Bernstein und stellte dabei fest, daß fast alles, was über Bernstein geschrieben worden ist, Fachliteratur ist. Nur wenige Ausnahmen gibt es. So erzählt Hans Lucke in seinem Roman „Der leichte Stein" von der Naßbaggerei nach Bernstein im Kurischen Haff und vom Beginn der Bernsteingewinnung durch Bergbau. Im Roman „Die Mücke im Bernstein" von E. G. Stahl begleitet ein Stückchen Bernstein sieben Jahrhunderte lang die Generationen einer Familie von der Besiedlung der Ostgebiete bis zur Vertreibung. Hier hat das Stückchen Bernstein also lediglich die Funktion einer Art roten Fadens, der sich durch die Geschichte zieht. Dagegen konnte ich aus der Broschüre „Bernstein − das Gold des Nordens" von Rule v. Bismarck, erschienen 1970, eine ganze Menge an Informationen über Bernstein erhalten. Im Literatur-Verzeichnis dieser Broschüre stieß ich auf den Buchtitel „Der Bernstein und seine Bedeutung in Natur und Geisteswissenschaft, Kunst und Kunsthandwerk, Technik, Industrie und Handel" von Karl Andrée, erschienen 1937. Er war zu dieser Zeit Professor für Geologie an der Universität Königsberg und lehrte nach dem Krieg an der Universität Göttingen. Ich konnte mir dieses Werk, das im Buchhandel nicht mehr erhältlich ist, von einer Bibliothek ausleihen. In seiner Literaturangabe fand ich den Buchtitel „Im Bernsteinwald" von Wilhelm Bölsche, erschienen 1927. Aus diesem Buch konnte ich mich über die Entstehung und die Entstehungszeit des Bernsteins informieren. Aber auch neuere Literatur habe ich gelesen, besonders die Broschüren aus dem Geologisch-Paläontologischen Institut der Universität Hamburg und vom Staatlichen Museum für Naturkunde in Stuttgart. Sehr viel Freude hatte ich an dem reich bebilderten kunsthistorischen Werk „Bernstein − Das Gold der Ostsee" von Gisela Reineking v. Bock, erschienen 1981.

Hinzu kommt in der Auseinandersetzung mit dem Thema ein umfangreicher Briefwechsel mit Menschen, die etwas von Bernstein verstehen. Briefe und Karten kamen auf meine Anfragen aus der Bundesrepublik, aus der DDR, aus Dänemark, aus Polen und der Sowjetunion.

Darüber hinaus hat mich immer wieder die Bernsteinverarbeitung interessiert. Vielen Menschen habe ich bei den Verarbeitungstechniken manueller Art (mit den Händen und einfachen Hilfsmitteln) zugeschaut und von ihnen etwas darüber erfahren. Beim Besuch in einigen Bernsteinschleifereien konnte ich maschinelle Bearbeitungstechniken beobachten, die in der Regel aus Schleifen und Polieren mittels Schleif- und Polierscheiben vollführt werden. Mehrere Male besuchte ich den Bildhauer und Bernsteinschnitzer Alfred Schlegge in Detmold, über dessen Arbeit ich noch berichten werde. Bei einem Besuch der Bernsteinwaren-Fabrik Köllner in Stuttgart gab es nicht nur die Stationen der Bernsteinverarbeitung vom Rohling bis zum Schmuckgegenstand zu sehen. Viel mehr beeindruckten mich die aus der Sowjetunion importierten 400−600 g-Stücke aus dem früheren Palmnicken, wo die Russen noch heute Bernstein im Tagebau gewinnen. An ihnen klebte die „Blaue Erde“, in der sie gefunden werden.

Wertvoll war für mich immer der Erfahrungsaustausch mit Bernsteinsammlern. Dabei meine ich nicht solche, die gelegentlich in ihrem Urlaub versuchen, Bernstein zu finden, sondern solche, die oft schon ein ganzes Leben lang nach Bernstein gesucht haben. Durch sie erfuhr ich allerlei über Windrichtung, Windstärke, Angaben über Gezeitenhöhen (Spring- und Nipptide) und Strömungsverhältnisse, die das Suchen und das Finden von Bernstein begünstigen. Jedoch läßt sich daraus nicht eine Bernsteinfindungsformel entwickeln, weil vieles Zufall bleibt und ein nicht unerheblicher Rest Glück. Viele Freunde, Bekannte und Verwandte schicken mir Veröffentlichungen, Zeitungsberichte und Literaturhinweise zum Thema Bernstein. Diese sind in einer dicken Sammelmappe in Klarsichtfolien eingeordnet und bildeten neben der Fachliteratur wesentliches Material für meine Arbeit. Von allen meinen Informationsquellen war jedoch das 1937 erschienene Buch von Karl Andrée die umfassendste. Reichlich habe ich daraus schöpfen können.

Von dem, was ich gelesen, erfahren, gesehen und erlebt habe, will ich nun den Lesern berichten.

Die Entstehung des Bernsteins nach Euripides

Bevor es über die Entstehung des Bernsteins gesicherte wissenschaftliche Erkenntnisse gab, rankten sich um die Entstehung viele Sagen, Märchen und Legenden. Der Wirklichkeit am nächsten war Euripides mit seiner Bernstein-Entstehungsgeschichte.

Er lebte im 5. Jahrhundert vor Christi Geburt in Griechenland. Dort kannte man zu dieser Zeit schon den Bernstein als Schmuckstein. Die Phönizier hatten ihn auf dem Seewege von der Nordsee geholt, später die Griechen und die Römer auf dem Landwege, auf den alten Handelswegen, die auch Bernsteinstraßen genannt wurden.

Bei den Griechen hieß der Bernstein Elektron. Die der Nordseeküste an der heutigen deutschen Bucht vorgelagerten Inseln nannten sie Elektriden. Elektron ist das Stammwort, woraus später Begriffe wie Elektrizität oder Elektronik entstanden.

Zu dieser Zeit mag es Griechen gegeben haben, die etwas über die Entstehung und die Herkunft des Bernsteins wissen wollten. Was lag da näher, als Euripides, einen ihrer größten Dichter und Denker, danach zu fragen. Dieser wußte es offenbar auch nicht. Um die Fragenden nicht zu enttäuschen, vielleicht auch um sein Ansehen zu wahren, erzählt er ihnen eine Geschichte, wobei dahingestellt bleiben mag, ob er sie sich selbst erdacht hat oder aus Überlieferungen übernommen hat.

Er erzählte vom Sonnengott Helios, der täglich seinen Sonnenwagen über den Himmel fuhr, um Menschen, Tieren und Pflanzen Licht und Wärme zu bringen. Zu gern hätte auch sein Sohn Phaëton einmal den Sonnenwagen gefahren, aber dazu gab es keine Erlaubnis. Als jedoch einmal die Gelegenheit günstig war, spannte er mit Hilfe seiner Schwestern, der Heliaden, den Sonnenwagen an und jagte mit ihm in den Himmel hinaus. Offensichtlich war er ein schlechter Fahrer, denn bald geriet der Wagen aus der Bahn und streifte die Erde, die an dieser Stelle zu brennen begann. In ihrer Not riefen die dort betroffenen Menschen ihren Göttervater Zeus um Hilfe an. Dieser reagierte sofort und strafte hart. Er ließ Phaëton in den Fluß Eridanos (allgemeine Bezeichnung für Fluß im Norden, abwechselnd wurden Rhein, Rhone, Po und Elbe so bezeichnet) stürzen, worin er ertrank. Die Heliaden wurden als Mitschuldige in Pappeln verwandelt, die nun am Rande eines Baches stehen mußten. Dort weinten sie bittere Tränen über ihr Schicksal. Ihre Tränen fielen in den Bach. Dort verfestigten sie sich zu Bernstein. Nach Euripides stammt Bernstein also von Bäumen. Damit hatte er recht. Aber diese Bäume waren keine Pappeln.

Im Bernsteinwald

So nennt Wilhelm Bölsche den Wald, in dem der Bernstein entstanden ist. Er bedeckte ganz Nordeuropa und mag seinen Mittelpunkt im heutigen südlichen Schweden gehabt haben. Die Wissenschaftler nennen dieses Gebiet Fennoskandia, mitunter auch Urfennoskandia. Hört man in das Wort hinein, so kann man die geographischen Begriffe Finnland (fenno) und Skandinavien (scandia) entdecken. Vielleicht ist dieser Begriff nicht ganz glücklich gewählt. Viel mehr als Finnland hat das Baltikum mit Bernstein zu tun, und wenn man bedenkt, daß dort zur Zeit der Eröffnung des Bernsteinhandels aus dem späteren Samland zu jener Zeit Aisten und Pruzzen, also baltische Volksstämme, lebten, hätte dieses Gebiet eigentlich eher Baltoscandia heißen müssen. Das heutige Nordeuropa war damals ein geschlossener Landblock. Die Ostsee gab

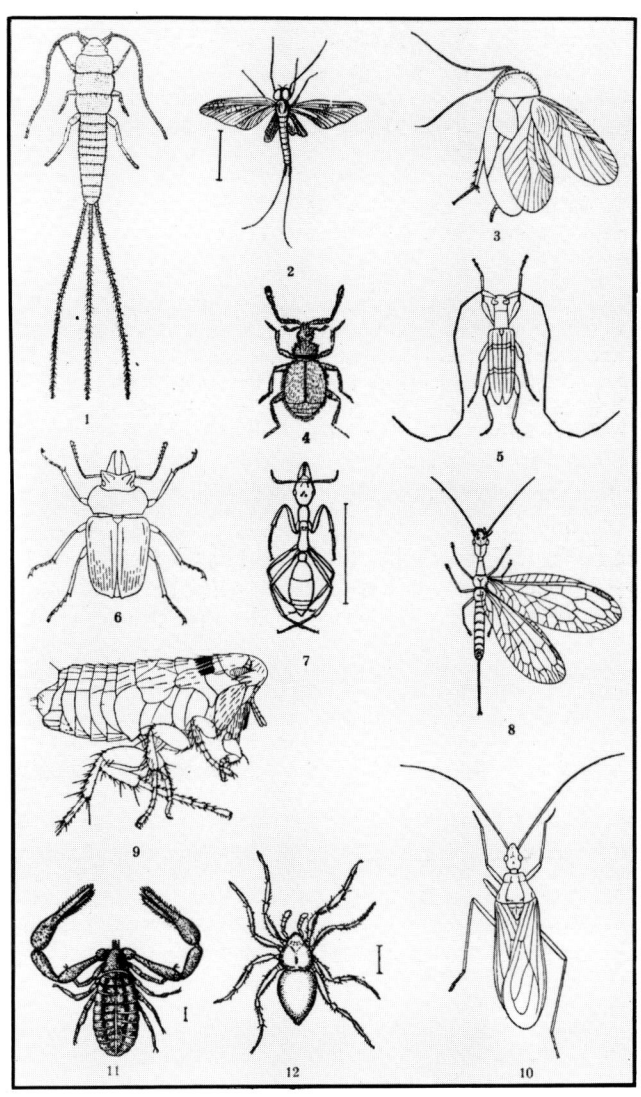

Insekten und Spinnentiere aus dem Bernsteinwald, die sich im ursprünglich flüssigen Bernstein erhalten haben.

1. *Lepidothrix pilifera*, ein urtümliches, ungeflügeltes Insekt aus der Verwandtschaft unseres Zuckergasts. 2. *Cronicus anomalus*, eine Eintagsfliege. Stark vergrößert. 3. *Holocompsa fossilis*, eine Schabe. Vergrößert. 4. *Hagnometopias pater*, Käfer aus der Verwandtschaft unserer Pselaphiden, die zum Teil heute noch als Gäste bei Ameisen leben. Vergrößert. 5. *Dorcaschema succineum*, ein Bockkäfer. Vergrößert. 6. *Palaeognathus succini*, ein Hirschkäfer aus der Verwandtschaft der lebenden Lampriminen. 7. *Prionomyrmex longiceps*, eine Ameise. Etwas vergrößert. 8. *Inocellia erigena*, Kamelhalsfliege. 9. *Pallaeopsylla Klebsiana*, der einzige bekannte, im Bernstein erhaltene urweltliche Floh. 10. *Platymeris insignis*, Raubwanze. 11. *Chelifer Hemprichti*, Bücherskorpion. Sehr stark vergrößert. 12. *Mizalia rostrata*, Spinne. Sehr stark vergrößert.

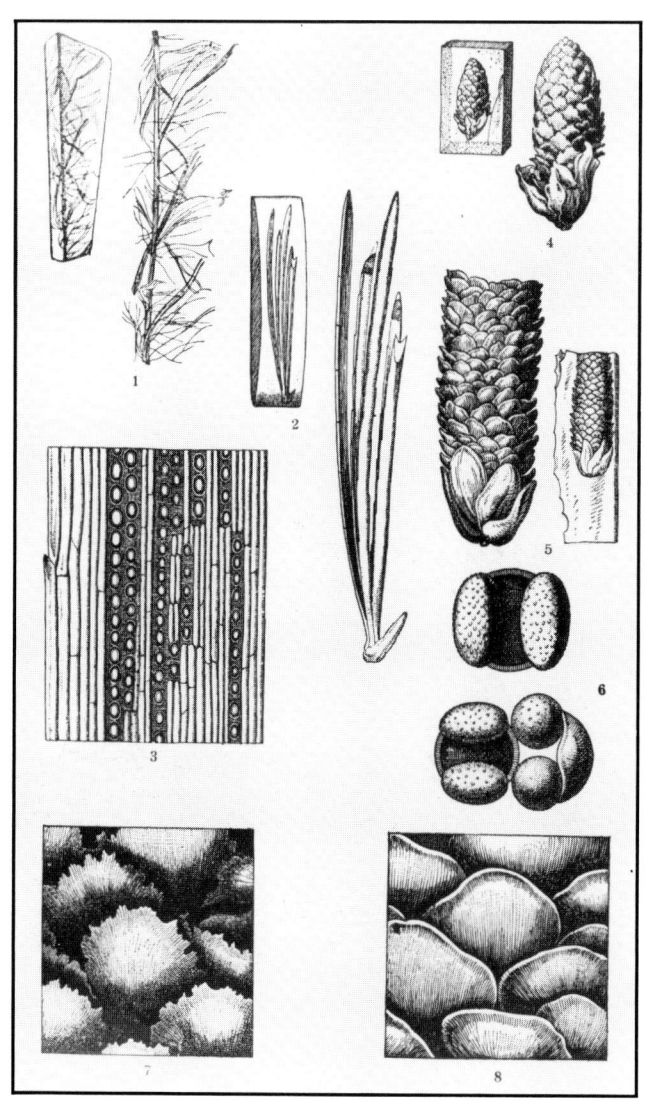

1. *Holzsplitter, durch Baumschlag oder Windbruch entstanden.* 2. *Nadelbüschel von Pinus cembrifolia.* 3. *Innenfläche solcher Nadeln bei starker Vergrößerung.* 4. *Männliche Blüte von Pinus Reichiana.* 5. *Weibliche Blüte von Pinus Kleinii.* 6. *Pollenkörper (Blütenstaub), stark vergrößert.* 7. *Stark vergrößertes Stück der Abbildung 4.* 8. *Stark vergrößertes Stück der Abbildung 5.*

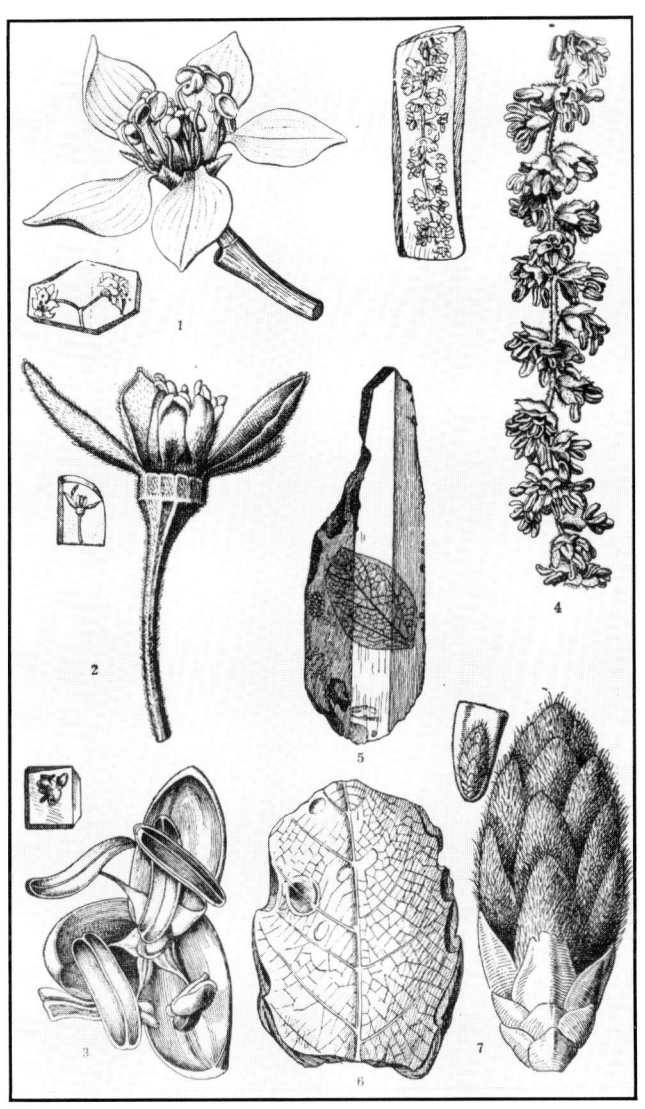

Einschlüsse höherer Blütenpflanzen (Angiospermen) im Bernstein.
1. Zwei Blüten einer tropischen Connaracee (Connaracanthium roureoides). Darüber aus zwei Blüten kombinierte vergrößerte Ansicht. 2. Blüte eines Zimtbaumes (Cinnamomum Felixii), neben der natürlichen Größe starke Vergrößerung. 3. Blüte einer Palme aus der Verwandtschaft unserer Dattelpalme (Phoenix Eichleri). Rechts darunter starke Vergrößerung. 4. Männliche Blütenkätzchen einer Eiche (Quercus piligera). Rechts daneben stark vergrößert. Der selten schön erhaltene Einschluß enthält 24 Blüten. 5. Blatt eines Zimtbaumes (Cinnamomum polymorphum). Das schön erhaltene Blatt erscheint steif, lederartig, glatt und nackt, auf der Oberseite glänzend und von grünlichem Aussehen. 6. Blatt einer Eiche. 7. Laubknospe einer Eiche (Quercus macrogemma). Rechts davon starke Vergrößerung.

es noch nicht. In dieser Landschaft wuchsen im Eozän die Bernsteinwälder. Das Eozän ist ein Unterzeitalter des Tertiärs. Es begann vor etwa 55 Millionen Jahren und endete vor etwa 35 Millionen Jahren. Der Bernsteinwald in Fennoscandia im Eozän war ein tropischer bis subtropischer Mischwald, wie wir ihn heute in Hinterindien, im nördlichen Südamerika oder am Rande des tropischen Regenwaldes in Afrika finden können. Die Inclusenforscher (Inclusen sind Einschlüsse von Pflanzenteilen oder kleinen Tieren im Bernstein) haben dies bewiesen. In diesem Mischwald wuchs die Bernsteinkiefer, die pinus succinifera. Pinus ist die botanische Bezeichnung für alle Kiefern, und in succinifera steckt das lateinische succus = Saft. Es handelte sich also um eine stark Saft tragende, oder besser harzende Kiefer, die es übrigens heute nicht mehr gibt. Wenn nun dem Stamm, den Ästen oder auch den freiliegenden Wurzeln Wunden zugefügt wurden, trat aus diesen Stellen reichlich Harz aus, um die Wunden zu schließen. Wie solche Verletzungen entstehen, kann man sich leicht vorstellen: Stürme brachen Zweige und Äste ab, andere umstürzende Bäume beschädigten die Kiefern, Blitzschläge spalteten Bäume. Dann rann reichlich Harz den Stamm hinunter oder tropfte auf den Waldboden. Und wenn eine Bernsteinkiefer einmal aus Altersgründen das Zeitliche segnete, dann vermoderte das Holz, die Wundverschlüsse aus Harz blieben jedoch erhalten. Dieses Harz verfestigte sich nun, versteinerte also im Laufe der Jahrmillionen auf oder in dem Waldboden. Es wurde ein Fossil, eine Versteinerung. Bernstein ist also ein fossiles Harz. Vermutungen über krankhaften durch Schädlingsbefall oder Klimaveränderungen verursachten überreichlichen Harzausfluß (Succinose) sind wissenschaftlich nicht haltbar. Das Eozän dauerte schließlich 20 Millionen Jahre, und in dieser Zeit ist sicherlich so viel Harz ausgeflossen, daß die Menge des entstandenen Bernsteins durchaus erklärbar ist.

Nun zu den Einschlüssen, den Inclusen. Angelockt durch die goldgelbe Farbe des Kiefernharzes, vielleicht in der Annahme, etwas Nahrhaftes, Wohlschmeckendes gefunden zu haben, mag sich eine Fliege darauf niedergelassen haben. Sie konnte sich von der klebrigen Masse nicht wieder befreien. Der Harzfluß schloß sie schließlich ein und wurde ihr zum Grab. Ähnlich ging es vielen anderen Kleinlebewesen, wie Insekten, Käfern, Gliederfüßlern, Schnecken, Würmern und anderen. Allein über 3 000 Insektenarten und über 1 000 Käferarten lassen sich als Bernsteineinschlüsse nachweisen. Aber es wurden auch Tierchen gefunden, die heute nicht mehr in unseren Breiten leben: Skorpione, einige Termitenarten und verschiedene tropische Spinnen. Ähnlich ist es bei pflanzlichen Einschlüssen. Zwar fand man Teile von Bäumen und Pflanzen, die heute noch dort wachsen, wo der Bernsteinwald einmal gewesen ist (Blüten, Blätter, Rinde, Zweige, Halme oder Teile davon). Auf einem Stück Bernstein fand man den Abdruck einer Fächerpalme, in anderen Einschlüsse von Blatteilen der Dattelpalme und des Zimtbaumes und gar die Blüte eines Teestrauches. Das sind Beweise für den tropischen bis subtropischen Charakter des Bernsteinwaldes. Einschlüsse, die auf das Vorhandensein größerer Tiere schließen lassen, gibt es natürlich kaum, weil größere Tiere sich sicher schnell von dem klebrigen Harz befreien konnten. Allerdings gibt es Federn von verschiedenen Vögeln, Hautteile von Reptilien und ein Hautstück mit Haaren als Einschlüsse. Daß es aber auch größere Tiere im Bernsteinwald gegeben haben muß, beweisen die Einschlüsse etlicher Schmarotzer, die ja von größeren Wirtstieren leben mußten. Der Bernsteinwald kann auch kein dichter, geschlossener Urwald gewesen sein. Das beweisen die Einschlüsse von etwa 20 Bienenarten, die zum Honigsammeln Wiesen und Heideland bevorzugen. Eingeschlossene Mückenlarven und einzelne Wasserkäfer deuten auf Gewässer und Sümpfe hin. Dieser subtropische bis tropische, von Lichtungen, Gewässern und Sümpfen unterbrochene Mischwald in Fennoscandia ist also das Entstehungsgebiet des Baltischen Bernsteins.

Woher der Bernstein seinen Namen hat

Man könnte glauben, daß sich in dem Wort Bernstein eine Lautumstellung vollzogen habe, daß der Stein also richtig Brennstein heißen müßte. Tatsächlich brennt Bernstein mit heller Flamme, rußt ein wenig mit kleinen schwarzen Flöckchen und verbreitet dabei einen aromatischen Duft. Eine Lautumstellung hat zwar stattgefunden, aber schon bei dem Wort brennen, welches noch im Mittelalter bernen oder börnen hieß. Im Englischen ist das Wort noch gut zu erkennen (to burn = brennen). Bis zum Ende des Mittelalters, zum Teil noch länger, wurde Bernstein mit ö geschrieben, also Börnstein. Jedoch hatte Bernstein schon viele andere Namen gehabt. Wir wissen schon, daß die Griechen ihn elektron nannten. Die Römer gebrauchten das Wort succinum, entstanden aus succus = Saft. Sprachwissenschaftler vermuten, daß das Wort aus dem Litauischen übernommen wurde (sākas = Harz). Die Bezeichnung succinum für Bernstein wurde zuerst von dem römischen Geschichtsschreiber Plinius dem Älteren erwähnt. Aus dieser Bezeichnung entstand der wissenschaftliche Begriff succinit für Bernstein. Tacitus, ein anderer römischer Geschichtsschreiber, beide lebten im ersten Jahrhundert nach Christi Geburt, hatte das germanische Wort gles oder glaes übernommen. Der Hinweis auf Glas ist nicht zu übersehen. Das Wort fand als glaesum Eingang in die Sprache der Römer. Die friesischen Inseln, die von den Griechen elektriden genannt wurden, bezeichnete Tacitus mit glaesariae. In der Zeit von Plinius und Tacitus muß wohl glasklarer, durchsichtiger Bernstein Mode gewesen sein. Trübe, flomige Stücke wurden deshalb entsprechend bearbeitet. Wie Plinius berichtete, geschah dies durch Klarkochen im heißen Fett von Spanferkeln. Über diese Veränderungstechnik wird noch berichtet werden. Eine weiche, leicht splitternde, mit weißlicher Verwitterungskruste überzogene Bernsteinart bezeichneten die Römer mit gedanit, weil solche Steine bei Danzig gefunden worden waren (gedanum = Danzig).

Bernsteineinschluß (Brosche in Gold gefaßt).

Bernsteineinschlüsse.

In Süddeutschland heißt brennen = aiten. Dort wurde früher der Bernstein Aitstein, Aistein, Agstein, auch Augstein genannt. Jedoch werden diese alt-oberdeutschen Bezeichnungen heute nicht mehr verwendet. In den Sprachen anderer europäischer Länder wird heute noch das landessprachlich angeglichene Wort Bernstein gebraucht. Die Niederländer nennen ihn Barnsteen oder Brandsteen, die Schweden bezeichnen ihn mit bärnsten und selbst in der polnischen Bezeichnung bursztyn ist noch das deutsche Stammwort zu erkennen. Eine Ausnahme bilden die Dänen, die ihn rav (sprich rau) nennen.

International heißt der Bernstein amber, eine englische Bezeichnung. Karl Andrée zweifelt die Ableitung dieses Wortes aus dem arabischen anbar (Walfisch) an, ohne jedoch zu sagen, von wem diese Deutung stammt, allerdings auch ohne eine andere Deutung anzubieten. Vielleicht hat diese Bezeichnung etwas mit dem Amberbaum zu tun. Er wächst in Asien und Nordamerika und lieferte das Harz Styrax, welches schon die Griechen der Antike als Räucherharz gebrauchten.

In der Sprache der Geologen ist der Bernstein zunächst ein Kaustobiolith, das ist ein brennbarer, aus lebenden Stoffen entstandener Stein. Auch die Steinkohle und die Braunkohle sind Kaustobiolithen. Die Bezeichnung kommt aus dem Griechischen (Kaio = brennen, bios = Leben, lithos = Stein). In der Untergliederung ist Bernstein ein Liptobiolith, das bedeutet, daß er nicht wie Kohle in massiven Schichten, sondern in mehr oder weniger großen Einzelstücken gefunden wird. Auch diese Bezeichnung ist aus dem Griechischen entstanden (liptos = liegengelassen, zurückgelassen, bios = Leben, lithos = Stein).

Vom Verhalten und der Beschaffenheit des Bernsteins

Bernstein ist ein sehr leichter Stein. Ein cm³ wiegt nur 1,05–1,1 g. Er ist also nur unwesentlich schwerer als Wasser. Im flachen Wasser der Nordsee kann man beobachten, daß Bernstein nicht wie andere Steine und Muscheln bewegungslos auf dem Grund liegt, sondern selbst bei leichten Wellen mit der Strömung hin- und herschwebt, bis er bei ablaufendem Wasser durch eine Rille im Meeresboden am Weiterschweben gehindert oder von einer kräftigeren Welle auf den Strand geworfen wird. Im Wasser der salzhaltigeren Nordsee (3,5 % Salzgehalt, in Nähe von Flußmündungen etwas weniger) schwebt Bernstein stärker als in der Ostsee (0,5 %). Durch Versuche mit Mischen von Wasser und Salz kann man feststellen, daß Bernstein bei einer knapp zehnprozentigen Salzlösung aufschwimmt. Er ist übrigens in Salzlösungen, also auch im Meerwasser, unlöslich. Bernstein läßt sich durch Reibungserhitzung elektrostatisch aufladen. Es handelt sich um eine negative Aufladung, die glatte oder polierte Stücke befähigt, kleine Papierschnitzelchen oder ein bißchen Watte wie ein Magnet anzuziehen. Die weitverbreitete Meinung, diese elektrostatische Aufladung könne nur durch Reiben auf Wolle erfolgen, ist falsch. Reiben auf Baumwolle, Leinen, Synthetik oder gar auf dem Handballen erzielt dieselbe Wirkung. Es kommt lediglich auf die Entwicklung von Reibungshitze an. Das geht aber, wie gesagt, nur mit glatten Stücken. Viele Bernsteinstücke haben jedoch eine Verwitterungsrinde. Diese wirkt wie eine Isolierschicht und verhindert eine Aufladung.

Ein Urlauber hatte an der Danziger Bucht Steine gefunden, von denen er glaubte, es handele sich um Bernstein. Als jedoch der Reibetest negativ ausfiel, hatte er alle Stücke wieder fortgeworfen. Es waren Bernsteinstücke mit einer Verwitterungsrinde, die er weggeworfen hatte. Bernstein ist ein weicher Stein, ganz wesentlich weicher als andere Steine. Mit spitzen, harten Gegenständen kann man die Oberfläche leicht einritzen. Es löst sich dann ein weißlich-gelber Staub. Mit diesem Test kann man übrigens Bernstein von Plastik unterscheiden, das zwar auch leicht ist, sich auch elektrostatisch aufladen läßt, aber dem Einritzen mit einem spitzen Gegenstand widersteht und schon gar keinen Staub hinterläßt. Das Einritzen kannten schon die Rentierjäger der Altsteinzeit. Bei Ausgrabungen in der Nähe von Meiendorf (im heutigen Hamburger Stadtgebiet, Nähe Ahrensburg) wurde 1933 in einem 16 000 Jahre alten Sommerlager der Rentierjäger eine Bernsteinscheibe von etwa 4−4,5 cm Durchmesser gefunden. Darauf sind die Umrisse eines Pferdekopfes eingeritzt. Bei genauerer Untersuchung fand man Reste von Konturen weiterer Tierkopfmotive, die aber offensichtlich abgeschabt oder abgeschliffen waren. Vorgeschichtler vermuten, daß diese Bernsteinscheibe dem Besitzer als Jagdzauber gedient habe. Wenn nämlich das Tier, dessen Kopf auf der Scheibe eingeritzt war, erlegt oder gefangen worden war, wurden vermutlich die Konturen abgeschabt und durch neue ersetzt, für die der Jagdzauber nun dienen sollte. Auch heute noch ist die Technik des Einritzens bekannt. Muster, Ornamente und Figuren werden, häufig in Heimarbeit, in die Oberfläche von polierten Stücken eingeritzt. Besonders die Polen halten immer ein reichhaltiges Angebot für ausländische Touristen bereit. Eine Urlauberin hatte von der polnischen (früher pommerschen) Ostseeküste einen hübschen Anhänger mitgebracht, zur Form eines Fisches geschliffen. Augen, Kiemen, Flossen und Schuppen waren eingeritzt.

Bernstein ist brennbar. Die Ursache dafür ist der hohe Anteil von 78 % an Kohlenstoff. Bernstein enthält weiterhin 10 % Wasserstoff und 11 % Sauerstoff. In dem restlichen Prozent sind Zellsäfte und etwas Schwefel enthalten. Die Verwitterungsrinde, welche die meisten Steine umgibt, ist durch Zersetzung der Oberfläche mit Luftsauerstoff entstanden. Die Rinde oder Kruste läßt sich leicht mit einem Messer abkratzen. Erst dann kommt die eigentliche Farbe zum Vorschein.

Häufig wird der Schmelzpunkt des Bernsteins mit 375 Grad angegeben. Schmelzen im Sinne von Flüssigwerden der gesamten Masse trifft den Vorgang jedoch nicht genau. Vielmehr findet bei einer Erhitzung auf Temperaturen zwischen 300 und 420 Grad ein Trennungs- oder Zersetzungsprozeß statt, bei dem Bernstein in Kolophonium und die Destillate Bernsteinöl und Bernsteinsäure getrennt wird. Kolophonium, das dabei zu fast zwei Dritteln entsteht, wurde früher dafür verwendet, die Bögen für Streichinstrumente griffig zu machen. Dafür benutzt man heute Kunstharze. Nach Lösung in Terpentin oder Firnis wurde Kolophonium zu einem widerstandsfähigen Lack verarbeitet, der überwiegend als Bootslack verwendet wurde. Kleine, sogar winzige Bernsteinstückchen, auch Abfall, der bei der Bearbeitung anfällt, wird zu Preßbernstein verarbeitet. Das Verfahren wurde 1881 in Wien entwickelt. In Paraffin oder Glyzerin werden die Stückchen auf 140 – 200 Grad erhitzt. Der dadurch weich gewordene Bernstein wird unter großem Druck gepreßt, meistens zu Stangen von einigen Zentimetern Durchmesser. Je größer der Druck ist, desto fester und inniger wird die Vermengung. Häufig werden diesem Vermengungs- und Preßprozeß noch Farbzusätze beigegeben, damit eine möglichst einheitliche Farbe entsteht. Preßbernstein hat alle Eigenschaften behalten, die vom Bernstein bekannt sind. Etwa die Hälfte von allem Bernsteinschmuck, der heute in Juwelier-, Uhren- und Schmuckwarengeschäften angeboten wird, besteht aus Preßbernstein. Er muß mit der Bezeichnung „Echt Bernstein" versehen sein, während man geschliffenen und polierten Rohbernstein mit „Naturbernstein" bezeichnet.

Zu den besonderen Eigenschaften des Bernsteins gehört, daß man trübe, undurchsichtige Stücke klarieren, klarkochen, kann. Während die Römer, bereits erwähnt, das Fett von Spanferkeln benutzten, verwendet man heute dazu Rüböl, das pflanzliche Öl der Rübsen. Wer selbst einmal klarieren möchte, kann auch Speiseöl benutzen. Man füllt damit einen Topf etwa bis zur Hälfte und erhitzt es auf einer Herdplatte, bis es zu brodeln beginnt. Dann legt man mit Hilfe eines Löffels einige trübe Bernsteinstückchen in das siedende Öl. Bald steigen nun über diesen Stückchen wie über einer Brausetablette zahlreiche Bläschen auf. Wenn das Sprudeln aufhört, nimmt man sie wieder heraus. Sie sind klar und durchsichtig geworden. Wenn man diese Stücke nun in kaltes Wasser legt, wie man gekochte Eier abschreckt, entstehen durch die plötzliche Abkühlung Spannungsrisse. Die größeren haben eine gewisse Ähnlichkeit mit Samenblättchen von Tannen-, Fichten- oder Kiefernzapfen. Diese Spannungsrisse heißen Sonnenfinten. Wer solche Sonnenfinten in Bernsteinschmuck sieht, sehr häufig sind sie in größeren Anhängern zu sehen, weiß also, daß es sich um keine natürlichen Einschlüsse handelt.

Kopale

Immer wieder berichten Bernsteinsammler an der Nordseeküste, daß sie ein Stück Kolophonium gefunden hätten. Diese Bezeichnung ist falsch. Was sie gefunden haben, sind Kopale. Zwar sind Kopale auch aus Baumharz entstanden. Dieses Harz stammt von tropischen Bäumen (Copaifera und Agathis).

Kopal von der Größe einer mittleren Kartoffel.

Es wird auch gesagt, daß Kopale interglacialen (zwischeneiszeitlichen) Ursprungs seien, also jünger als eine Million Jahre. Bernstein hat jedoch ein Alter von 35–55 Millionen Jahren. Zwischen welchen der drei Eiszeiten die Kopale entstanden und wie sie aus tropischen Gebieten in die Nordsee gelangt sind, weiß man offensichtlich noch nicht. Kopale sind von anderer Beschaffenheit und haben andere Eigenschaften als Bernstein. Die meisten Stücke sind rötlich-durchsichtig oder gelblich-trübe. Sie sind eigentlich ganz hübsch anzuschauen und beim Anschauen kaum von Bernstein zu unterscheiden. Die Substanz ist jedoch äußerst spröde. Wenn man mit einem Messer an einem Stück Bernstein kratzt, entsteht ein feiner weißlicher Staub, während sich beim Kratzen an einem Kopal größere Krümel lösen. Wenn man einen Kopal anzündet, stellt man fest, daß er nicht brennt. Stattdessen bilden sich an der erhitzten Stelle wachsartige Tropfen. Eine elektrostatische Aufladung ist nicht möglich. Wenn man die Oberfläche eines Kopales mit Sandpapier bearbeitet, wird sowohl die Fläche als auch das Sandpapier klebrig und schmierig. Es läßt sich kein Glanz erzielen.

Formen, Farben und Größen von Bernstein

Mitunter ist man wirklich im Zweifel, ob man Bernstein gefunden hat, denn es gibt keine einheitliche Bernsteinfarbe. Zwar sind die meisten Stückchen gelblich-braun, die Farben variieren aber vom hellen Gelb über Dunkelgelb bis hinein ins Bräunliche. Tiefrote Steine sind selten, meistens sind sie mehr rotbraun als rot. Manche Steine haben sogar einen bläulichen oder grünlichen Schimmer. Es stellt sich also nun die Frage, wie der Bernstein zu seinem Farbreichtum gekommen ist. Durchsichtigkeit, Trübung und Farbgebung hängen weitgehend von der Anzahl sich im Bernstein befindlicher kleiner Bläschen ab. Die Bläschen sind so klein, daß man die größten noch gerade mit bloßem Auge sehen kann. Die kleineren werden nur mit einem Mikroskop, die kleinsten lediglich mit einem Elektronenmikroskop sichtbar. Rule von Bismarck berichtet, daß glasklare Stücke kaum Bläschen enthalten, während bei trüben, wenig durchsichtigen Stücken schon etwa 600 Bläschen in einem mm³ (Größe eine Stecknadelkopfes) gezählt werden. In einem knochigen Stück können bis zu 900 000 Bläschen in einem mm³ enthalten sein. Die kleinsten haben Durchmesser von 0,0008 mm. Bei einer größeren Anzahl von Bläschen kann das Licht den Stein nicht mehr durchdringen. Das Licht wird reflektiert, also zurückgeworfen. Nun wird auch deutlich, was beim Klarkochen geschehen ist. Im heißen Speiseöl entwich der Inhalt der Bläschen, Luft und etwas Zellsaft mit Spuren von terpentinhaltigem Öl, durch die feinen Haarrisse des Bernsteins und machte dadurch das trübe Stück durchsichtig. Bei natürlichen durchsichtigen Stücken mag die Sonne schon eine Klärierung verursacht haben. Trübe Stücke werden dagegen wahrscheinlich wenig oder gar nicht mit der Sonne Verbindung gehabt haben. Auch die Beschaffenheit des Waldbodens kann für die Farbgebung eine Rolle gespielt haben. Kiefern wachsen häufig auf sandigem Boden. In Ostpreußen wurden hellere Bernsteinstücke in heißem Sand gebräunt. Ein Bernsteinschnitzer hatte farbliche Schwierigkeiten bei der Herstellung eines Schachspieles mit Bernsteinfiguren. Er benutzte hellen und dunklen Bernstein, aber die Farbe der dunkelsten hellen Figur war der hellsten dunklen Figur so ähnlich, daß es im Spiel zu Verwechslungen der gegnerischen Figuren hätte führen können. Deshalb mußte er die Farben etwas korrigieren. Er legte die dunklen Figuren so lange in heißes Sägemehl, bis sie eine tiefe Bräunung erhalten hatten. Wer als junges Mädchen eine Bernsteinkette mit hellen Perlen geschenkt bekommen hat, wird nach einem langen Leben feststellen, vorausgesetzt die Kette ist viel getragen worden, daß sie erheblich dunkler geworden ist. Sonne und Wärme haben dies bewirkt. Auf die Farbe des Bernsteins haben auch terpentinhaltiges Öl und Zellsaft in den Bläschen sowie Spuren von Schwefelkies in den Haarrissen Einfluß.

Es gibt wenig typische Formen von Bernstein. Die meisten Stücke, die wir an den Küsten finden, sind von größeren Stücken abgesplittert. Einzelne Stücke erinnern jedoch an die Zeit ihrer Entstehung, als das Harz im Eozän aus den Kiefern in den Bernsteinwäldern Fennoskandias ausfloß oder auf den Waldboden tropfte. Dabei sind mitunter apfelförmige, mehr aber noch birnenförmige Gebilde entstanden. Andere, meistens runde Stücke, sind auf der Unterseite flach, haben aber auf der Oberseite in der Mitte eine kleine kegelförmige Erhebung. Sie ist aus den letzten, schon fast versiegenden Harztropfen entstanden. Manche Stücke sind plattenförmig. Sie sind wahrscheinlich unter der Baumrinde entstanden. Sie sind frei von Verunreinigungen, haben aber in der Regel auch keinerlei Einschlüsse aufzuweisen. Es gibt Stücke, mitunter in der Form eines Korkens, meistens aber platter, die offensichtlich von einer Bernsteinstange abgebrochen sind. Die Stange könnte im Längsriß einer Kiefernrinde entstanden sein. Während der Mantel meistens mit einer Verwitterungsrinde bedeckt ist, sind die beiden Bruchstellen glasklar, so daß man von einer Bruchstelle zur anderen hindurchschauen kann. Manche Stücke haben eine fast koksartige Oberfläche. Sehr oft werden sie gar nicht als Bernstein erkannt. Diese koksartige Oberfläche ist ein versteinertes Gemisch von dunklerer Erde und Harz. Erst nach dem Abschleifen dieser Schicht kommt die eigentliche Bernsteinfarbe zum Vorschein. Mitunter tropfte das Harz auch auf dem Boden liegende Pflanzenteile, welche Abdrücke in dem sich erhärtenden Harz hinterließen. Karl Andrée zeigt in seiner Broschüre „Der Bernstein" ein Bild von Bernsteinstücken, auf denen Abdrücke von Blattfragmenten der Fächerpalme zu erkennen sind. So verschieden Farben und Formen sind, so verschieden sind auch die Größen der Bernsteinstücke. Es gibt Stückchen in Sandkorngröße. Man kann sie im allgemeinen kaum als solche erkennen, es sei denn, die Sonne bringt sie zum Leuchten. Auch kleine und kleinste Stückchen kann man verarbeiten. Man kann Deckel von kleinen Holzkästchen damit bekleben, die dadurch zu Schmuckkästchen werden können. Man kann sie auch auf festem Papier zu Buchstaben aneinanderreihen und mit dem so entstandenen Text gratulieren oder etwas Gutes wünschen. Für den Bernsteinsammler sind solche Winzlinge nicht ganz ohne Bedeutung, denn wo diese zu finden sind, können auch größere Stücke liegen.

Wenn Bernsteinsammler von ihren Funden berichten, geben sie nur selten eine vergleichbare Größe an, etwa so groß wie eine Kartoffel, eine Kastanie, eine Kinderfaust oder ein Sahnebonbon. Fast jeder Bernsteinsammler wiegt zu Hause ein neu gefundenes größeres Stück und nennt dann das Gewicht, wenn er davon erzählt. Da die Sammler das spezifische Gewicht von Bernstein kennen, können sie sich auf Grund der Gewichtsangabe eine Vorstellung von der Größe machen. Ein kinderfaustgroßes Stück wiegt etwa 100 – 150 g. Es würde sich jedoch im Vergleich zu den größten Funden, die bekannt wurden und beschrieben worden sind, recht winzig ausmachen. So fand man Anfang dieses Jahrhunderts in einer Sandgrube am Rande eines Urstromtales bei Gumbinnen in Ostpreußen ein 6,75 kg großes Stück und bei Rarvin in Pommern ein Stück mit einem Gewicht von 9,7 kg. Das größte bekannte Stück – Rule von Bismarck berichtet darüber – fischte ein dänischer Fischer wahrscheinlich mit einem Grundschleppnetz vor der schwedischen Westküste. Wenn man sich die Größe dieses Stückes vorstellen will, sollte man an einen normalen Wassereimer denken, der etwa 11 Liter Wasser faßt. Dieser aufgefischte Bernsteinklumpen hatte ein Gewicht von 11,5 kg. Wenn man nun weiß, daß 1 kg Bernstein nur unwesentlich schwerer ist als 1 Liter Wasser, ist dieses Stück ungefähr so groß wie die Wassermenge eines Eimers. Bis vor kurzem befand es sich im Nationalmuseum in Kopenhagen.

Im Bernsteinhandel zu Beginn dieses Jahrhunderts unterschied man etwa 120 Handelssorten, deren Einteilung von Größe, Form, Farbe und Güte abhing.

Die Ostsee entsteht

Am Ende des Eozäns und zu Beginn des Oligozäns, in einer Zeit also, die etwa 30 – 40 Millionen Jahre zurückliegt, brach ein mächtiger Meeresarm, von der heutigen nördlichen Nordsee herkommend, über die Gebiete herein, in denen heute Dänemark, Südschweden, Norddeutschland und das nördliche Rußland zu finden sind. Daraus entstand die Ostsee. Landmassen wurden abgebrochen, hinweggespült, zuletzt wurden sie Meeresboden. Erde, Steine, Sand, Geröll, Pflanzenreste und viel Bernstein lagen nun auf dem Meeresgrund. Der leichte Bernstein blieb jedoch nicht dort liegen, wo er entstanden war. Gewaltige Meeresströmungen nahmen ihn mit, vorwiegend in Richtung Osten. Als der Meereseinbruch nach Jahrmillionen zur Ruhe kam, hatte sich an einer Stelle eine 6 – 9 m dicke blau-grünliche Tonschicht abgelagert, später „Blaue Erde" genannt. In den nächsten Jahrmillionen, besonders aber während der

Bernsteinfarben (bei Beleuchtung von hinten).

drei Eiszeiten, lagerten sich über dem größten Teil der Schicht dieser „Blauen Erde" verschiedene Erdschichten ab. Festland entstand, das später die Bezeichnung Samland erhielt. Die Ostsee erhielt ihre heutige Gestalt. Die „Blaue Erde" ist reich an Bernstein. Heute weiß man, daß eine Tonne (20 Zentner) durchschnittlich 1–2 kg Bernstein enthält. Der Bernstein hatte durch die Entstehung der heutigen Ostsee seine erste Verlagerung erfahren. Doch dabei sollte es nicht bleiben.

Wie der Bernstein zu uns kam

„Zu uns", das sind vorwiegend unsere Küsten, die Nord- und Ostseeküste, aber auch das nord-, ost- und mitteldeutsche Binnenland. Wer sich die Mühe macht, die vorhin genannten Fundorte großer Bernsteinstücke auf dem Atlas zu finden, wird feststellen, daß das ostpreußische Gumbinnen fast 150 km und das pommersche Rarvin etwa 40 km vom Ostseestrand entfernt sind. Die genannten Orte sind nicht die einzigen Bernsteinfundorte im Binnenland. Beim U-Bahn-Bau in Berlin wurden regelrechte Bernsteinnester entdeckt. Wer in Sandgruben arbeitet, weniger in Kiesgruben, kann das Glück haben, Bernstein zu finden. Häufig sind es größere Stücke. Die Ursache dieser erneuten Verlagerungen von Bernstein sind die Eiszeiten. Die Gletscher der drei Eiszeiten, die jeweils nach Flüssen benannt werden, bedeckten nacheinander den nördlichen Teil unseres Landes. Die älteste Eiszeit, die Elstervereisung (Elster = Nebenfluß der Saale), begann vor etwa 600 000 Jahren. Nach einer Warmzeit folgte dann die Saale-Vereisung (Saale = Nebenfluß der Elbe). Die dritte Eiszeit, die Weichsel-Vereisung, endete erst vor etwa 12 000 Jahren. Während die ersten beiden Eiszeiten bis an die deutschen Mittelgebirge (Erzgebirge, Thüringer Wald, Rothaargebirge) heranreichten, bedeckte die letzte Ostpreußen, Pommern, Mecklenburg, Teile der Mark Brandenburg und das östliche Schleswig-Holstein. Sie hinterließ die für diese Gebiete so typische Hügel- und Seenlandschaft. Die Gletscher dieser Eiszeiten entstanden in Skandinavien. Unter dem Druck ihres Eigengewichtes schoben sie sich nach Süden. Sie brachten in ihrem Geschiebe Erde, Sand, Steine, Geröll und auch Bernstein mit sich. Als nach den Eiszeiten wieder Warmzeiten einsetzten, schmolzen die Gletscher. Das Schmelzwasser floß in Urstromtälern zur Ostsee und zur Nordsee ab. Während Steine und Geröll vorwiegend dort liegen blieben, wohin sie die Gletscher transportiert hatten, wurden feiner Sand und der leichte Bernstein von der Strömung mitgenommen und erst beim Nachlassen der Strömung, also im Meer, abgelagert, mitunter auch schon an den Rändern der Urstromtäler. So kann ein an der Nordseeküste gefundenes Stückchen Bernstein schon eine lange Reise hinter sich haben. Ein Gletscher schob es mit sich bis an den Rand des Erzgebirges. Mit dem Schmelzwasser schwebte es dann im Urstromtal der Elbe bis zur Nordsee und wurde dort abgelagert. Zwei Urstromtäler, die beide wenig Gefälle haben, sind reich an Bernsteinfunden: das Thorn-Eberswalder und das Warschau-Berliner Urstromtal. Im Zusammenhang mit Bernsteingräberei wird noch darüber berichtet. Die Fundstellen von Bernstein im Binnenland entsprechen also der Ausdehnung der Eiszeiten. Südlich der südlichsten Vereisungsgrenze ist Bernstein nicht gefunden worden, wenn man von zufälligen Funden verlorengegangener Stücke am Rande der Handelswege absieht. Im Westen Europas gab es Funde in den Niederlanden und an der englischen Ostküste bei Norfolk. Im Osten reichen die Fundstellen über Polen bis in die Sowjetunion hinein.

Der Mensch entdeckt den Bernstein in vorgeschichtlicher Zeit

Schon in der Altsteinzeit, in der das Interesse der Menschen zwangsläufig den Steinen galt, aus denen sie Geräte und Waffen herstellten, mag der Bernstein auf sie einen eigenartigen Zauber ausgeübt haben. Ein merkwürdiger Stein: zum Teil durchsichtig, brennbar, sehr leicht, mit magnetischen Kräften ausgestattet, leicht zu bearbeiten. Er besaß also Eigenschaften, die andere Steine nicht hatten. Sollte er deshalb vielleicht ein Zauberstein mit besonderen Kräften sein? Wir erinnern uns an den Rentierjäger mit dem Jagdzauber-Bernstein. Das älteste bekannte Bernsteinstück, das mit einer Bohrung versehen ist, wurde in der Nähe von Alfeld in Niedersachsen gefunden. Es ist ein tropfenförmiger Anhänger, der vor etwa 30 000 Jahren bearbeitet wurde. Wurde er an einer Schnur, vielleicht aus einer Sehne bestehend, am Körper getragen? War er Jagdzauber, Amulett (Glücksbringer oder Unglückverhüter) oder Schmuck? Wir wissen es nicht. Aus der mittleren Steinzeit kennen wir zahlreiche mit Bohrungen versehene Bernsteinstücke. Auffällig ist an diesen Stücken, daß sich das Bohrloch an beiden Seiten trichterförmig vergrößert. Daraus lassen sich Vermutungen über die Bohrtechnik ableiten. Wahrscheinlich wurde ein dünner Bohrer aus hartem Holz oder Knochen benutzt, der sich unter ständigem Drehen mit feinem nassen Sand seinen Weg durch das Bernsteinstück bahnte, und zwar nacheinander von beiden Seiten. Der Beginn des Bohrens mag dabei besonders schwierig gewesen sein. Der Bohrer wird zuerst auf der Oberfläche des Bernsteins hin- und hergeglitten sein, bevor er die richtige Führung bekam. Dadurch sind sicherlich die Trichter zu erklären. In der mittleren Steinzeit entstanden zuerst Anhänger, die weitgehend die vorgegebene Form berücksichtigten, zum Beispiel die Form einer Birne oder eines Tropfens. In der ausgehenden mittleren Steinzeit gelangte man zu völlig neuer Formgebung. Es entstanden dreieckige Anhänger, die im oberen Winkel eine Bohrung aufwiesen. Die Unterkante war leicht nach unten gerundet. Doch

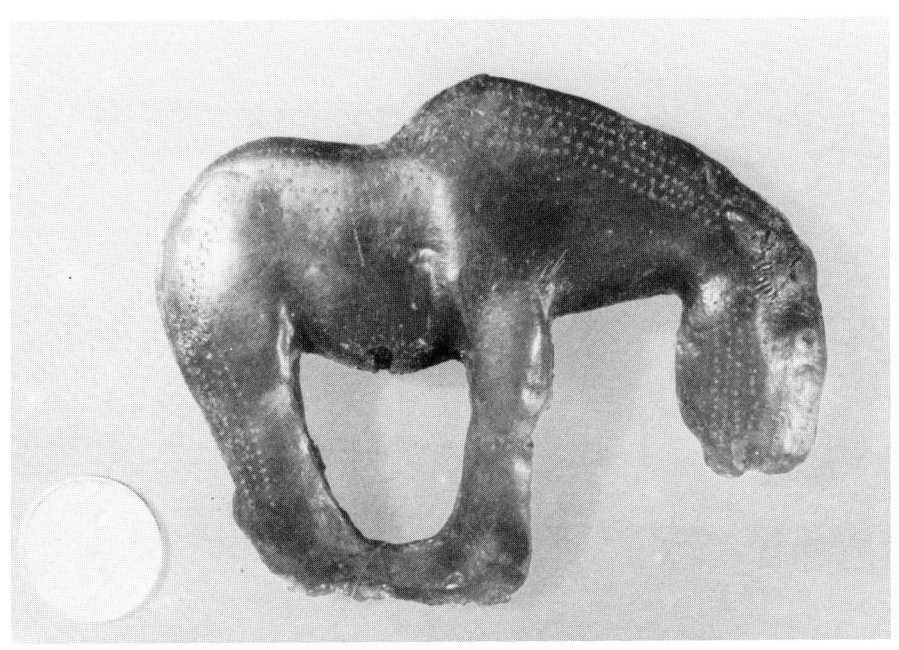

Jungsteinzeitliche Tierfigur, wahrscheinlich junges Wildpferd (Nachbildung).

bei diesen Veränderungen blieb es nicht. Man ging zur Erarbeitung figürlicher und gegenständlicher Darstellungen über: vereinfachte Nachbildungen von Rindern, Elchen und Bären, aber auch von steinzeitlichen Waffen und Geräten. Auch die ersten Darstellungen von Menschen stammen aus dieser Zeit. Für die grobe Bearbeitung mögen Flintsteinschaber oder -messer und grober Sand gedient haben. Mit feinem, nassen Sand wird man geschliffen haben. Rule von Bismarck, Vor- und Frühgeschichtler, Bernsteinforscher, vermutet, daß die Steinzeitmenschen für die Bernsteinbearbeitung ein Tierfell benutzt hatten. Danach könnte die Lederseite des Felles zusammen mit nassem Sand zum Schleifen gedient haben, während auf der Fellseite poliert wurde. Viele Bernsteinbearbeitungen der mittleren Steinzeit wurden durch Einritzen von fransenförmigen Strichen ornamental verziert. Deutungen vermuten, daß es Darstellungen von Nordlicht seien. In der Jungsteinzeit (etwa 4000–1800 Jahre vor Christi Geburt) wurde aus dem Bernsteinanhänger, der wahrscheinlich mehr von Männern als von Frauen als Jagdzauber oder Amulett getragen worden sein mag, ein Schmuckgegenstand der Frauen. Es entstand die Bernsteinkette, zuerst aus aneinandergereihten Rohstücken, dann aus immer kunstvoller bearbeiteten Stücken, mitunter auch mehrreihig. Bei der Ausgrabung einer jungsteinzeitlichen Grabstätte bei Wenningstedt auf der Insel Sylt wurde eine Bernsteinkette als Grabbeigabe gefunden. Ihr unteres Mittelstück besteht aus einer Doppelstreitaxt. An beiden Seiten schließen sich röhrenför-

29

mige Stücke an, zunächst von kleineren Doppeläxten unterbrochen. Dann wechseln längs- und quergebohrte Stücke miteinander ab. Eine jungsteinzeitliche Kette, die ausschließlich aus Doppelstreitäxten besteht, wurde bei Frederiksborg in Dänemark gefunden. Die Wenningstedter Kette befindet sich im „Wandernden Bernsteinmuseum", dessen Direktor Rule von Bismarck dafür Sorge trägt, daß die Bernstein-Sammlung in Norddeutschland nacheinander an vielen Orten von vielen Menschen gesehen wird.

Wie lange die jungsteinzeitlichen Künstler, die mit sehr primitiven Schleif-, Polier- und Bohrtechniken gearbeitet haben dürften, wohl gebraucht hatten, um solche Ketten herzustellen?

Bernstein in der Bronzezeit

Auch aus der Bronzezeit (etwa 1800−800 vor Christi Geburt) stammen herrliche Schmuck- und Kunstgegenstände, wenn auch weniger davon gefunden wurden. Die Menschen der Bronzezeit hatten eine andere Bestattungsart ihrer Toten eingeführt. Sie verbrannten sie und bestatteten den Leichenbrand in Urnen. Da wir wissen, daß Bernstein brennbar ist, können wir uns leicht vorstellen, daß Grabbeigaben aus Bernstein verbrannt sind. Aber es wird auch einen anderen Grund für die geringe Anzahl von Bernsteinschmuckfunden aus

Bronzezeitliche Bernsteinkette mit Glasperlen.

dieser Zeit geben. Die bronzezeitlichen Schmiedemeister, die im heutigen Norddeutschland damals ihre bronzenen Gegenstände, wie Geräte, Gefäße, Waffen und auch Schmuck, herstellten, brauchten Rohmaterial für ihre Arbeit, nämlich Kupfer und Zinn, das sie etwa im Verhältnis 4 : 1 zu Bronze verschmolzen. Weil es diese Metalle jedoch in ihrer Heimat nicht gab, waren sie auf Einfuhren angewiesen. Kupfer konnte man damals auf der Insel Zypern, Zinn dagegen schon im Erzgebirge „kaufen". Ein umfangreicher Handel begann. Bezahlt wurde damals nicht mit Geld. Die Händler brachten die Metalle und nahmen mit, was das Land zu bieten hatte: Felle, Tran, Stockfische, Honig, Eiderdaunen und Bernstein. Der Bernstein gelangte nun auf den alten Handelswegen in die Mittelmeerländer.

Bernstein in der Eisenzeit

Auf die Bronzezeit folgte die Eisenzeit, in der wir heute noch leben. Kupfer und Zinn brauchten nun nicht mehr eingeführt zu werden, denn das einheimische Raseneisenerz deckte als Rohmaterial den Bedarf für die damalige Zeit völlig. Der Tauschhandel mit den Händlern aus den Mittelmeerländern ging deshalb zunächst rapide zurück. Jedoch die Damen am Mittelmeer hatten sich inzwischen derart an den Bernsteinschmuck gewöhnt, daß sie ihn nicht mehr entbehren mochten. Statt Kupfer und Zinn wurde nun immer mehr Gold und Goldschmuck zum Tausch gegen Rohbernstein oder Bernsteinschmuck angeboten. In welchem Verhältnis Bernstein gegen Gold getauscht wurde, ist nicht bekannt. Die Titel mancher Veröffentlichungen über Bernstein – „Bernstein, das Gold des Nordens" oder „Bernstein, das Gold der Ostsee" – lassen vermuten, daß Gold und Bernstein gleichwertig waren, daß es also gewichtsmäßig im Verhältnis 1 : 1 getauscht wurde. Beweise dafür können jedoch nicht erbracht werden. Heute beträgt der Wert von einem Gramm Gold etwa das Dreißigfache von einem Gramm Bernstein. Daß aber Bernstein im Altertum einen enormen Wert gehabt haben muß, beweist Plinius, der berichtet, daß eine noch so kleine Figur aus Bernstein mehr wert war als ein Menschenleben (Gisela Reineking von Bock meint damit den Kaufpreis für einen Sklaven). Ziel der Bernsteineinkäufer des Altertums war die Nordseeküste mit den vorgelagerten Inseln an der heutigen Deutschen Bucht. Karl Andrée vermutet das eigentliche Handelszentrum in der Gegend zwischen den Mündungen der Elbe und der Eider, in der heutigen Landschaft Dithmarschen an der Westküste Schleswig-Holsteins. Hier mögen wohl die ältesten Umschlagplätze für Bernstein gewesen sein, der an der Nordseeküste, auf den friesischen Inseln und möglicherweise auch an der dänischen Küste gefunden wurde. Übrigens hatten auch die Römer wie die Griechen einen Namen für die friesischen Inseln. Während die Griechen sie elektriden nannten, bezeichneten die Römer sie mit glaesariae (glaesum = Bernstein). In manchen Werken der Fachliteratur werden nur die ostfriesischen Inseln so bezeichnet. Da aber an den Küsten der nordfriesischen Inseln erheblich mehr Bernstein gefunden wird, müßten eigentlich diese eher die Bezeichnungen gehabt haben, oder zumindestens beide Inselgruppen.

Der Bernstein gelangte auf den traditionellen Handelswegen in die Länder des Mittelmeerraumes. Während die ersten Händler, die Phönizier (ein Volk an der östlichen Mittelmeerküste, das im Mittelmeerraum zahlreiche Handelskolonien besaß) im Altertum den Seeweg in die Nordsee benutzten, vollzog sich der Handel später über Land. Ein bedeutender Handelsweg führte von der Nordsee über die Elbe zum Rhein. Hier trennte er sich in Handelswege, die jeweils weiter einmal am Rhein und zum anderen an der Mosel entlangliefen, um sich an der oberen Rhone wieder zu vereinigen, und endete am Mittelmeer bei Massilia, dem heutigen Marseilles. Ein anderer Weg führte an der

Früheisenzeitliche Urne mit Gesicht und Ohrenanhängern (Eisenringe mit Bernstein- und Glasperlen).

Abgebrochene Ohrenanhänger einer Urne.

Elbe entlang, teilte sich dann, folgte teils Elbe und Moldau, teils Saale und Naab, um sich an der Donau wieder zu vereinigen, von wo es weiter über den Brenner bis zur Adria ging. Dort endete der Handelsweg in der Nähe des heutigen Venedigs. Als der Bernstein an der Nordseeküste knapp wurde, mußten andere Bernsteinvorkommen gefunden werden. Auf der Suche danach wurde der samländische Bernstein entdeckt. Das Samland ist eine Landschaft an der früheren ostpreußischen Küste, heute zum sowjetischen Bezirk Kaliningrad (Königsberg) gehörend. Der Bernsteinhandel zwischen den Bewohnern des Samlandes (Pruzzen, Aisten) begann im letzten Jahrhundert vor Christi Geburt. Neue Handelswege entstanden. Einer führte vom Samland zunächst am Frischen Haff und am Unterlauf der Weichsel entlang zur Oder, dann entlang der oberen Oder, durch Mähren über die Pässe der östlichen Alpen nach Aquileia an der Nordspitze der Adria. Vorwiegend von griechischen Händlern wurde der Weg entlang der Weichsel und dem Dnjepr zum Schwarzen Meer benutzt. Von dort ging der Handel auf dem Seeweg in die Mittelmeerländer. Mitunter werden diese Handelswege Bernsteinwege oder Bernsteinstraßen genannt. Die Bezeichnungen verdienen sie wahrscheinlich nicht. Denn auf diesen Wegen wurde schließlich der größte Teil der damaligen Handelsgüter transportiert: Erze, Metalle, Felle, Stoffe, Schmuck- und Gebrauchsgegenstände, Waffen, Leder, Daunen, Tran, Holz, Salz und natürlich auch Bernstein. Man darf sich wahrscheinlich auch nicht vorstellen, daß die Händler vom Mittelmeer aus ihrer Heimat bis an die Küsten der Nordsee und

Bernsteinamulette der Eisenzeit.

34

Ostsee fuhren oder wanderten. Umgekehrt werden die Händler von unseren Küsten wahrscheinlich auch nur selten bis ans Mittelmeer gelangt sein. Zahlreiche Depotfunde am Rande der Handelswege lassen darauf schließen, daß sich der Handel vermutlich häufig nur von einem Umschlagplatz zum nächsten vollzog. Von Margarete Kudnig erfahren wir, daß in einem solchen Depot in der Nähe des Dorfes Hartlieb bei Breslau, das 1936 beim Bau der schlesischen Autobahn entdeckt wurde, über 17 Zentner Rohbernstein in 1−2 m Tiefe zwischen Resten von Pfählen sorgsam aufgeschichtet gefunden wurden. Das Dorf Hartlieb liegt an dem Handelsweg, der das Samland mit Aquileia verband. Durch solche Depotfunde, auch durch Funde offensichtlich verlorener Gegenstände und Handelsgüter, Grabbeigaben, und durch Berichte damals zeitgenössischer Schriftsteller lassen sich die Handelswege des Altertums ziemlich genau bestimmen. Vom Ende der Handelswege an der nördlichen Mittelmeerküste wird der Handel sicherlich auf dem Seeweg weiter in andere Mittelmeerländer hineingetragen worden sein. Funde von Bernstein als Grabbeigaben in Ägypten und sogar im Gebiet nördlich des Kaukasus deuten darauf hin. Nach der Zeitenwende zur Zeit des Kaisers Nero (54−68 nach Christi Geburt) erlebte die Bernsteinverarbeitung im römischen Reich eine Blütezeit. Zur Ausstattung eines Gladiatorenspiels hatte eine Expedition aus dem Baltikum große Mengen Bernstein mitgebracht.

Das größte Stück soll 6,5 kg gewogen haben. Aus dem Bernstein wurden vorwiegend Wirteln hergestellt. Das sind Spulenringe, die die Netze, welche die Zuschauer am Rande der Arena vor den wilden Tieren schützen sollen, zusammenhielten. Es blieb aber noch genug Bernstein übrig, um die Damen zu schmücken und Waffen und Geräte überreich zu verzieren. Dann kam die Zeit der Völkerwanderung (3.−6. Jahrhundert). Germanische Stämme drängten nach Süden und leiteten das Ende des römischen Weltreiches ein. Um 500 nach Christi Geburt regierte der Ostgotenkönig Theoderich der Große sein Reich auf römischem Boden von Ravenna aus, wo sich heute noch sein Grabmal befindet. Sein Kanzler Cassiodor erwähnte ein bedeutendes Bernsteingeschenk der Aestier, auch Aisten genannt, das Theoderich aus dem Baltikum, wahrscheinlich aus dem Samland erhielt. Dies ist zugleich die letzte Erwähnung von Bernstein in der römischen Literatur.

Bernstein verliert seine Bedeutung als Handelsware

Als die unruhige Zeit der Völkerwanderung zu Ende ging, bestand das römische Weltreich nicht mehr. Aus war es mit Prunk und Pomp und Gladiatorenspielen. Neue Reiche entstanden, oft mit sich ständig verändernden Grenzen. Manche vergingen auch wieder. Erst das Frankenreich unter Karl dem Großen (768−814) wurde nach dem Römerreich wieder europäische Großmacht. Der Bernsteinhandel hatte seine Bedeutung während der Völkerwanderung

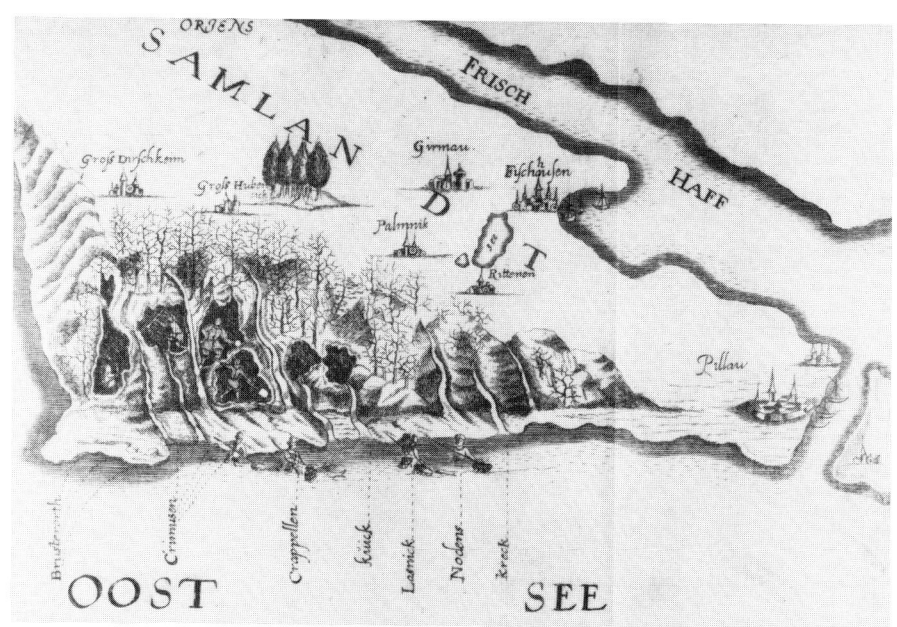

Das Samland – von Westen gesehen, 1677.

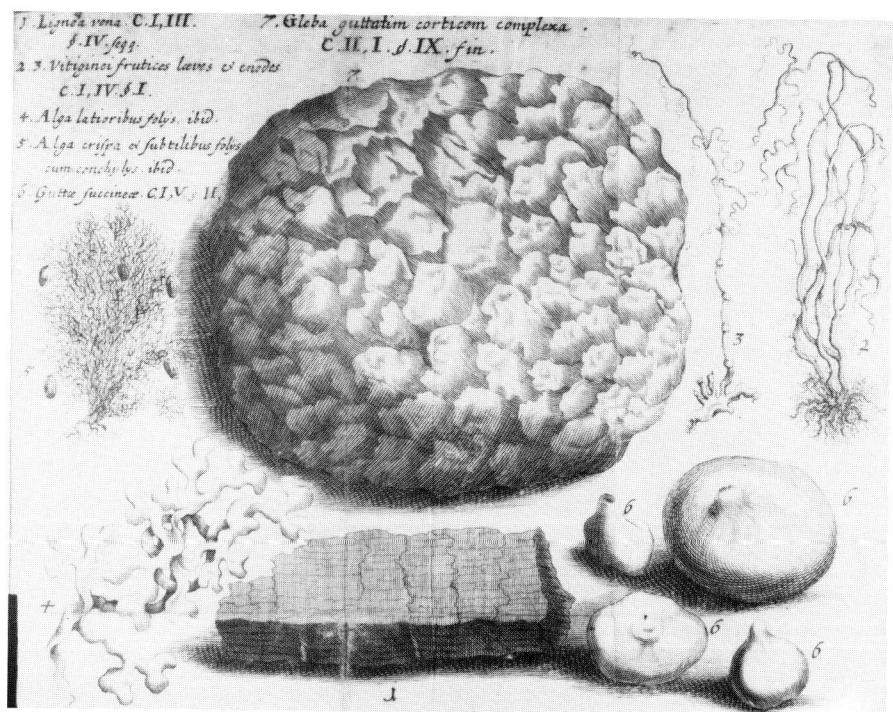

Im 17. Jahrhundert glaubte man, Bernstein wäre die Frucht eines Seetangs.

36

Bernsteinschöpfer und -gräber an der Samlandküste auf dem Titel eines Buches von 1677.

und danach weitgehend eingebüßt. Die Menschen hatten andere Sorgen, als sich zu schmücken. Erst durch die Handels- und Raubzüge der Wikinger (800–1000) gelangte wieder Bernstein und Bernsteinschmuck in den Handel. Aus dieser Zeit stammen Bernsteinketten, in die Glasperlen eingefügt waren. Vielleicht entsprach diese Kombination dem damaligen Geschmack. Möglicherweise lag es aber auch daran, daß Bernstein für die Schmuckverarbeitung knapp wurde, weil er immer mehr zu Gebrauchsgegenständen verarbeitet wurde. So stammen aus dieser Zeit Funde von Spinnwirteln, Webgewichten und Knöpfen.

An der Ostseeküste waren während der Völkerwanderung slawische Stämme seßhaft geworden. Sie besiedelten nun das gesamte Gebiet östlich der Elbe vom östlichen Holstein bis zum Baltikum. Ob sie auch Bernstein bearbeiteten oder damit handelten, ist wenig bekannt.

Das Bernsteinregal

Regal ist ein finanzpolitischer Begriff des Mittelalters, eine Art Gesetz, das bestimmte Einnahmen regelte. So gab es seit dem frühen Mittelalter Zoll-, Münz-, Marktrecht-, Jagd-, Forst-, Fischerei-, Berg- und Salzregale. Der Landesherr verlieh also sein eigenes Recht, etwas herzustellen, auszuüben, zu gewinnen und auszubeuten, an andere und ließ sich diese Abtretung bezahlen. Noch vor der Besiedelung des Ostens im Gefolge des Deutschen Ritterordens setzte der slawische Herzog von Pommerellen in seinem Land ein Bernsteinregal ein. Das Herzogtum Pommerellen erstreckte sich damals vom unteren Lauf der Weichsel bis nach Hinterpommern hinein und von der Danziger Bucht bis zur Netze, einem Nebenfluß der zur Oder fließenden Warthe. Durch die Einsetzung des Bernsteinregals verlieh der Herzog seinen Untertanen das Recht des Bernsteinsammelns. Wahrscheinlich haben die Pommerellen auch schon vorher Bernstein gesammelt. Durch das Regal wurden sie aber verpflichtet, den gefundenen Bernstein nur an den Herzog oder seine Beauftragten zu verkaufen. Was der Herzog mit dem Bernstein machte, ist nicht bekannt. Wahrscheinlich hat er ihn mit beträchtlichem Gewinn weiterverkauft. Von der Mitte des 13. Jahrhunderts an eroberte der Deutsche Ritterorden das Land zwischen Weichsel und Memel. In seinem Gefolge besiedelten es Bauern, Handwerker, Kaufleute und Fischer aus verschiedenen Gegenden Deutschlands, gründeten Städte und Dörfer, bauten Ordensburgen. Der Deutsche Ritterorden übernahm das Bernsteinregal der Herzöge von Pommerellen, verschärfte es aber erheblich. Die Bewohner der Strandgemeinden waren nun nicht mehr allein verpflichtet, gefundenen Bernstein abzuliefern, sondern sie wurden gezwungen, ihn zu lesen, zu schöpfen und zu stechen (Gewinnungsarten, auf die noch näher eingegangen wird). In den Ordensburgen Lochstädt, Balga und am Bischofssitz Fischhausen, der späteren Kreis-

Bernsteingewinnung zur Zeit des Bernsteinregals (Wiener Flugblatt 1774).

stadt des Samlandes, residierten die vom Orden eingesetzten Bernsteinherren, die das Regal streng überwachten. Ihnen mußten die Küstenbewohner den Strandeid leisten. Dazu gehörte nicht nur die Verpflichtung, Bernstein zu sammeln und abzuliefern, sondern auch eine Reihe anderer Bestimmungen. So durfte der Strand nachts nicht betreten werden. Auch durfte niemand seine Strandgemeinde verlassen, ohne sich bei seinem Bernsteinherrn abgemeldet zu haben. Man war verpflichtet, jeden anzuzeigen, der gefundenen Bernstein nicht abgeliefert hatte, selbst wenn es sich um Familienangehörige handelte. Verstöße gegen diese Bestimmungen wurden hart bestraft, in der Regel mit dem Tod am Galgen. Daran erinnern die Bezeichnungen mehrerer Anhöhen an der samländischen Küste, die den Namen Galgenberg trugen. Wer Bernstein an die Bernsteinherren ablieferte, erhielt geringe Geldbeträge, zeitweilig auch Salz. Als unter polnischer Oberhoheit der Staat der Ordensritter in das Herzogtum Preußen umgewandelt wurde, behielten die preußischen Herzöge das Bernsteinregal in unveränderter Form bei. Statt der Bernsteinherren

39

Die Steilküste des Samlandes.

setzten sie nun Pächter für bestimmte Strandabschnitte ein. Die Pächter ließen den Bernstein in unregelmäßigen Abständen von Strandreitern einsammeln und nach Palmnicken (Gemeinde an der Samlandküste) bringen. Dort wurde er dreimal im Jahr sortiert und dann nach Königsberg, dem Sitz der Herzöge, gebracht. Der Strandeid, den die Bewohner dem Ritterorden und später den preußischen Herzögen zu leisten hatten, galt unverändert bis 1811 weiter. Als er aufgehoben war, blieb jedoch die Ablieferungspflicht weiterhin bestehen und zwar bis zum Ende des zweiten Weltkrieges. Noch im Winter 1944/45 standen in der Amtsstube des Bürgermeisters von Tenkitten (Nähe Fischhausen) mehrere Kartoffelsäcke, die zum Teil mit Bernstein verschiedener Größe gefüllt waren, vorbereitet zum Abtransport an die Bernsteinmanufaktur in Königsberg. Urlauber und Badegäste, aber auch Einheimische kümmerten sich nicht sonderlich um die immer noch bestehende Ablieferungspflicht. Jedoch hätte man im Falle einer Anzeige mit Sicherheit Ärger bekommen. Zwar wäre man nicht mehr an den Galgen gekommen, aber eine Ordnungsstrafe wäre fällig gewesen und der nicht abgelieferte Bernstein wäre eingezogen worden.

Auch Schleswig-Holstein war lange einem Bernsteinregal unterworfen. Oberste Bernsteinherren waren die dänischen Könige, die wie die Herzöge von Preußen den Strand verpachteten. Später übernahmen die Strandvögte, die auch für das Einsammeln und Veräußern des Strandgutes zu sorgen hatten, das Einsammeln des Bernsteins. Auf öffentlichen Auktionen wurden das Strandgut und der Bernstein versteigert. Vom Erlös einer Versteigerung erhielt der Strandvogt die Hälfte, die andere Hälfte erhielt der dänische Staat. Nachdem Dänemark 1864 den Krieg gegen Preußen und Österreich verloren hatte, wurde Schleswig-Holstein 1867 preußische Provinz. Im Rahmen der Einführung preußischer Rechts- und Verwaltungsvorschriften war auch zu entscheiden, ob das dänische Bernsteinregal beibehalten oder das preußische eingeführt werden sollte. Die Entscheidung darüber brachte ein mineralogisches Gutachten der Universität Kiel, welches besagte, daß an den Küsten Schleswig-Holsteins keine nennenswerten Bernsteinvorkommen vorhanden seien. Daraufhin verzichtete die preußische Regierung auf die Beibehaltung oder Neueinführung eines jeglichen Bernsteinregals. Ab 1869 war der Strand frei. Dasselbe galt auch für die Küsten des heutigen Niedersachsens. Wer also heute an unseren Meeresküsten Bernstein findet, darf ihn ruhigen Gewissens behalten.

Die Bernsteindreherzünfte

Im frühen Mittelalter gewann Bernstein seine Bedeutung als wertvolle Handelsware zurück, die er in der Völkerwanderung und danach weitgehend verloren hatte. Was war der Grund dafür? Eine wesentliche Begründung ist in der Ausbreitung des Christentums und des Islams zu finden. Um die Jahrtausendwende hatte sich das Christentum auf fast ganz Europa ausgedehnt. Zur gleichen Zeit hatte der Islam, nachdem er vom vorderen Orient und Nordafrika Besitz ergriffen hatte, auch in Europa Fuß gefaßt (Spanien, Südfrankreich, später Balkan). Christen und Mohammedaner, übrigens auch Buddhisten, verwenden für die tätige Ausübung ihres Glaubens Gebetsschnüre. Bei den Christen heißen diese Schnüre Rosenkränze. Das sind Ketten aus 56 Perlen, die der Betende durch seine Finger gleiten läßt, während er in bestimmtem Wechsel das „Credo", das „Ave Maria" und das „Vaterunser" spricht. Es gibt auch längere Rosenkränze, deren 150 Perlen der Anzahl der 150 Psalmen entsprechen. Mohammedanische Gebetsschnüre bestehen aus 200 Perlen. Seit dem frühen Mittelalter wurde als Material zur Herstellung von Gebetsschnüren immer mehr Bernstein verwendet. Die Nachfrage muß in dieser Zeit so groß gewesen sein, daß der Bedarf in bisher ausgeübter Handarbeit nicht mehr befriedigt werden konnte. Es wurden nun Drehbänke verwendet, mit deren Hilfe größere Mengen von Bernsteinperlen hergestellt werden konnten. In einer Drehbank, in die ein bereits gebohrtes Stück Bernstein eingespannt wurde, brachte ein Drehmeißel das um sich selbst rotierende Stück in die gewünschte Form. Mit Schleif- und Polierscheiben an der Achse einer Drehbank erhielt das Bernsteinstück seine endgültige Form. Die Handwerker, die auf diese Weise Bernstein bearbeiteten, nannte man Bernsteindreher. Weil sie überwiegend Rosenkränze herstellten, hießen sie auch Paternostermacher (pater noster = Vater unser). Wie alle Handwerker schlossen auch sie sich zu Zünften zusammen, den Bernsteindreherzünften. Die älteste Bernsteindreherzunft wurde 1302 in Brügge (im heutigen Belgien) gegründet. Die Lage mag zunächst verwundern, denn die Stadt liegt weitab von größeren Bernsteinfundstellen, besonders weit vom Samland entfernt. Der Grund dafür ist sicherlich, daß der Deutsche Ritterorden jegliche Bernsteinverarbeitung im eigenen Lande untersagt hatte. Bernstein war im Ordensstaat ausschließlich Exportware, und die Einnahmen daraus dienten der Verbesserung der Haushaltsstruktur. Die Strandbewohner konnten deshalb auch nicht in Versuchung kommen, Bernstein auf eigene Rechnung und zum wirklichen Preis an bernsteinverarbeitende Betriebe zu verkaufen.

Später entstanden Bernsteindreherzünfte in Lübeck, Kolberg, Stolp, Danzig, Elbing und erst 1642 in Königsberg, als das Land nicht mehr dem Deutschen Ritterorden unterstand. Inzwischen waren zu dieser Zeit die Bernsteindreher schon in erhebliche wirtschaftliche Schwierigkeiten geraten. Der Absatz war rapide zurückgegangen. Daran war nicht nur der Verfall der Hanse als Handels- und Machtfaktor in Nordeuropa schuld, sondern auch die Reformation, durch die etwa die Hälfte aller Deutschen evangelisch wurde. Da

Werkbank eines Bernsteindrehers (Deutsches Elfenbeinmuseum Erbach/Odw.).

in der evangelischen Glaubensausübung auf den Gebrauch von Rosenkränzen verzichtet wird, ging die Nachfrage danach so stark zurück, daß die Existenz der meisten Bernsteindreher zerstört wurde. Folgende Eingabe der Königsberger Bernsteindreherzunft vom 13. 3. 1742 an den König von Preußen schildert die Notlage:

„Die Ausarbeitung des Börnsteins, als eines der edelsten Reichs-Güter so Ewr. Königl. Majestaet zufließen, ist das Gewerbe, welchem wir uns gewidmet, doch eben dieser ist seit etlichen Jahren in einen Verfall gesetzt, der uns zu den bittersten Schmertzen veranlasset, denn da unsere Vorfahren aus solchem Schatze des Meeres die Kostbahrsten Stücke gebildet, welche in großer Anzahl nach Rußland und anderen Höffen verschickt worden, und alda noch als Wunder der Natur aufbehalten werden, so lieget unsere Hanthierung vorjetzt dermaßen darnieder, daß sich wenig Käuffer mehr umb unsere Arbeit bestreben, wir auch folglich aus Mangel der Mittel, den in der Börnstein-Cammer befindlichen Vorrath an uns zu verhandeln nicht vermögend sind. Indem uns um solche bekümmerten Umbstände Nahrung und Mut entkraften, ja den Untergang immer näher stellen, so dringet uns diese armseelige Beschaffenheit, Ew. Königl. Majest. in aller demüthigster Sehnsucht anzuflehen, ob dieselben nicht Landes Väterlich geruhen wolten, die von uns verfertigten Stücke welche Ew. Königl. Majest. zu gefallen das Glück hatten, zu dero Königl. Magnificence und allerhöchst gefälliger Beschenkung frembder Höfen anzuwenden, auch hienebst allergnädigst zu verfügen, daß dero Abgesandten, Ministres und Hoff-Bedienten zugleich diese unsere Börnstein Waaren bey gewissen Vorfallen, den auswärtigen vorzuziehen, und dadurch einer größeren Aufnahme würdigen mögen".

So schrieben die Königsberger Bernsteindreher in der Sprache ihrer Zeit an ihren König Friedrich II., später Friedrich der Große oder auch „Der alte Fritz" genannt, in der Hoffnung, von ihm subventioniert zu werden, wie man heute sagen würde. Aber Friedrich II. hatte andere Sorgen. Zu dieser Zeit führte er seinen ersten schlesischen Krieg gegen Österreich.

1883 verstarb in Stolp der letzte Bernsteindrehermeister. Damit waren die Zünfte der Bernsteindreher erloschen.

Künstlerische Bernsteinverarbeitung an europäischen Fürstenhöfen

Hauptsächlich im 17. und 18. Jahrhundert entstanden an mehreren Residenzen europäischer Fürsten Schwerpunkte künstlerischer Bernsteinbearbeitung. Besonders bekannt sind Kassel, Braunschweig, Dresden, Berlin, Wien und Kopenhagen. Die Fürsten stellten gelernte Bernsteindreher, Elfenbeinschnitzer und auch geschickte Kunstdrechsler ein. Die Bernsteinkünstler fer-

Stehende und sitzende Maria, 14. Jhdt.

tigten Auftragsarbeiten ihrer Fürsten an, hatten aber unter deren Schirmherr-schaft weitgehende Freiheit für eigenes künstlerisches Schaffen. Ihre Arbeiten dienten nicht nur der künstlerischen Bereicherung des Hofes, an dem sie ar-beiteten, sondern gingen auch vielfach als Geschenke an andere Fürstenhöfe. Der preußische König Friedrich II., selbst ein hervorragender Flötenspieler und Komponist von Flötenkonzerten, ließ sich eine Querflöte aus Bernstein herstellen. Dem französischen Hofe schenkte er einen Spiegel, dessen Rah-men mit kostbaren Bernsteinmosaiken verziert war. In Kassel wirkten die aus der Schweiz stammenden Brüder Labhard. Ihnen werden eine Reihe von Pla-stiken zugeschrieben, die menschliche Figuren darstellen, welche in einer Mu-schel liegen. Die Figuren und die Muschel sind jeweils aus einem Bernstein-stück gearbeitet. Der in der Mitte des 18. Jahrhunderts am dänischen Königs-

Kabinettschrank, Nordostdeutschland, 18. Jhdt., Höhe 120 cm.

Muschel mit Liebespaar von Johann Caspar Labhard, Kassel, 18. Jhdt.

Konzertflöte Friedrichs des Großen, 18. Jhdt., Länge 65 cm.

hof tätige Lorenz Spengler hatte in Regensburg das Kunstdreherhandwerk gelernt. Von ihm stammen nicht nur eine Reihe von Ovalmedaillons, sondern er unterrichtete auch Mitglieder des dänischen Königshauses in der Bernsteindreherkunst. Zu Beginn des 18. Jahrhunderts arbeiteten in Berlin die Danziger Bernsteindrehermeister Thurau und Schacht mit ihren Gehilfen an der Herstellung des berühmten Bernsteinzimmers, worüber im nächsten Kapitel berichtet wird. Am Dresdner Hof waren im 18. Jahrhundert zeitweilig etwa hundert Bernsteinkünstler tätig. In vielen Bernsteindreherwerkstätten beschränkte man sich nicht auf die Herstellung von Gebetsschnüren. Es entstanden auch Schmuckwaren, und Gebrauchsgegenstände wurden mit Bernstein verziert. An diese Tradition knüpfen die Bernsteinkünstler an den Fürstenhöfen an. Sie schnitzten Figuren und Reliefplastiken, versahen Schränke, Truhen, Hausaltäre, Spiegel- und Bilderrahmen, Kassetten und Schatullen mit Bernsteinmosaiken. Sie schufen Verzierungen für Pokale, Schalen, Kronleuchter, Eßbestecke, Handstöcke und Degen. Man wird nicht alles, was in dieser Zeit geschaffen wurde, als Kunstwerke bezeichnen können. Die Übergänge zwischen Kunst, Kunsthandwerk und Handwerk waren sicher auch damals wohl fließend. Fest steht jedoch, daß sowohl die Zeit der Bernsteindreher als auch insbesondere die Zeit der Bernsteinkünstler an den Fürstenhöfen den absoluten Höhepunkt jeglicher Bernsteinverarbeitung darstellte. Diese Zeit umfaßte den Zeitraum vom 14. bis zum Ende des 18. Jahrhunderts.

Die Geschichte des Bernsteinzimmers

Im Jahre 1701 krönte sich Kurfürst Friedrich III. von Brandenburg, gleichzeitig Herzog von Preußen, in Königsberg zum König „in" Preußen. Beide Landesteile erhielten den Namen Preußen. Residenz des neuen Königreiches sollte Berlin sein, wo er schon als Kurfürst einen für die kargen wirtschaftlichen Verhältnisse seines Landes aufwendigen Hofstaat im absolutistischen Stil führte. Dazu brauchte er ein größeres Schloß. Schon 1699 beauftragte er Andreas Schlüter, den größten Baumeister und Bildhauer seiner Zeit, mit dem Bau eines Schlosses. Ein Eckzimmer dieses Gebäudes sollte ein Bernsteinzimmer werden. Alle Wände sollten mit Bernsteinmosaiken verziert werden. Er folgte damit einer Anregung des dänischen Königs Christian V., der die Zimmer seines Kopenhagener Schlosses mit vielen Bernsteinmosaiken hatte verzieren lassen. Aus der Schatzkammer des Königsberger Schlosses wurden nun zunächst die schönsten Stücke samländischen Bernsteins nach Berlin gebracht. Wahrscheinlich nach einem Entwurf von Andreas Schlüter schufen die beiden Danziger Bernsteindrehermeister Thurau und Schacht mit Mitarbeitern aus Preußen, Polen und Dänemark in dem dafür vorgesehenen Zimmer (gut 10×10 m) 55 m² Bernsteinmosaiken für die Wände. Diese Mosaiken wurden auf Holzplatten, sogenannte Paneele, geklebt. Sie stellten italienische

Landschaften dar, die an den vier Wänden vier der fünf menschlichen Sinne symbolisieren sollten. 1707 war das Schloß mit dem Bernsteinzimmer fertig. Zeitgenossen berichten, daß die Bernsteinwände bei Sonnenschein, mehr aber noch im Kerzenschein der Kronleuchter einen unvergleichbar warmen, behaglichen Glanz ausstrahlten. Manche sprachen von einem achten Weltwunder. Nach dem Tod Friedrichs I. wurde sein Sohn Friedrich-Wilhelm I., später der Soldatenkönig genannt, König. Er führte im Gegensatz zu seinem Vater ein bürgerlich-einfaches Leben. Deshalb löste er den Hofstaat auf und konnte durch diese Einsparung das stehende Heer zahlenmäßig fast verdreifachen. Seine Vorliebe galt den „Langen Kerls", Soldaten, die alle über zwei Meter groß waren. Es ist durchaus möglich, daß er sich für das Bernsteinzimmer gar nicht sonderlich interessiert hat, denn als Zar Peter I. von Rußland, später „der Große" genannt, anläßlich eines Besuches in Berlin Gefallen daran fand, schenkte er es ihm. Das geschah freilich nicht ganz ohne Berechnung. Friedrich-Wilhelm erhoffte sich russische Unterstützung gegen die Schweden, die zu dieser Zeit seit dem Westfälischen Frieden 1648 immer noch Vorpommern und Rügen besetzt hielten, Gebiete also, auf die Preußen Anspruch erhob. Doch die Russen hatten zunächst selbst große Mühe, sich im Kampf gegen die Schweden unter deren jungen König Karl XII. zu erwehren, als es im „Nordischen Krieg" (1700–1721) um die Vorherrschaft an der Ostsee ging. Aber Friedrich-Wilhelm erhielt vom Zaren Peter ein anderes Gegengeschenk für das Bernsteinzimmer. Eines Tages trafen 55 russische Soldaten in Berlin ein, von denen keiner kleiner als zwei Meter war. Sie wurden bei den „Langen Kerls" eingegliedert. Friedrich-Wilhelm dürfte sich sehr darüber gefreut haben. Im Bernsteinzimmer des Berliner Schlosses wurden nun die Paneele abgeschraubt, auf Wagen verladen und nach Memel transportiert. Dort übernahmen es die Russen und brachten es in das neugegründete St. Petersburg, die Residenz des Zaren Peter. Dort wurde es im Winterpalais aufgestellt. Hier blieb das Bernsteinzimmer von 1717 bis 1755. In diesem Jahr fand es auf Anordnung der Zarin Elisabeth seinen vorläufig endgültigen Standort in Zarskoje Selo (heute Puschkin), etwa 20 km südlich von St. Petersburg (heute Leningrad). Es wurde im Jekaterinen-Palais, der Sommerresidenz der Zaren, aufgestellt. Elisabeths Nachfolgerin Katharina II. ließ das Bernsteinzimmer noch einmal verändern. Der mit diesen Änderungen beauftragte Petersburger Hofarchitekt Graf Rastrelli fügte 20 Spiegel und weitere Bernsteinmosaiken hinzu. Das Zimmer hatte nun seine endgültige Form. Nach der Machtübernahme der Sowjets wurde das Jekaterinen-Palais Museum. Das Bernsteinzimmer hatte durch die Wirren der Revolution keinen Schaden genommen.

Der deutsche Angriff auf die Sowjetunion führte im September 1941 zur Einschließung Leningrads. Puschkin wurde dabei von der deutschen Wehrmacht besetzt, wurde aber hart umkämpft und wechselte mehrmals seinen Besitzer. Trotz der vielen Kampfhandlungen blieb das Bernsteinzimmer unversehrt. Im Herbst 1942 wurde es von deutschen Pionieren ausgebaut, das heißt, die Paneele wurden von den Wänden gelöst, verpackt und nach Königsberg transportiert. Es hieß, es solle vor der Zerstörung bewahrt werden. In Wirklichkeit wird es zu den vielen Kunstgegenständen gehört haben, die auf hohen und höchsten Befehl aus den besetzten Gebieten ins Deutsche Reich geschafft wurden, ein Fall von Kunstraub. Im Königsberger Schloß wurden nun mehrere Räume zu einem genügend großen Raum vereint, um die Paneele des Bernsteinzimmers aufzunehmen. Die Aufstellung und Einrichtung lag in den Händen von Dr. Alfred Rohde, dem Leiter der Städtischen Kunstsammlungen Königsbergs. Zugleich war er einer der führenden Bernsteinexperten Europas. Das Bernsteinzimmer hatte den „Umzug" verhältnismäßig gut überstanden. Geringfügige Restaurierungsarbeiten konnten schnell beendet werden. Ende 1942 konnte das Zimmer der Öffentlichkeit zur Besichtigung freigegeben werden.

So blieb es bis 1944. Als im Spätsommer die Sowjet-Armee die ostpreußische Grenze überschritt und die britische Luftwaffe einige schwere Angriffe auf Königsberg geflogen hatte, die auch das Schloß weitgehend zerstörten, war das Bernsteinzimmer schon wieder ausgebaut, nun schon zum vierten Mal. Es lagerte in 25 Kisten verpackt im Kellergewölbe des Schlosses. Von diesem Zeitpunkt an ist der weitere Verbleib des Bernsteinzimmers unbekannt. Es stellt sich die Frage: konnte es vor dem weiteren Angriff der Sowjet-Armee, der bald zur Einschließung Königsberg führte, aus dem Schloß abtransportiert werden, oder wurde es durch die Kampfhandlungen vernichtet? Obwohl niemand (wirklich niemand?) etwas über den Verbleib des Bernsteinzimmers weiß, gibt es darüber immer noch Vermutungen. Bis Anfang Januar 1945 wäre ein Abtransport auf dem Landwege in den Westen Deutschlands möglich gewesen, bevor der sowjetische Vorstoß durch das südliche Ostpreußen diese Landverbindung unterbrach. Aber auch danach hätte es noch auf dem Seewege über Pillau oder über das Eis des Frischen Haffes in Sicherheit gebracht werden können. Selbst die Verlagerung in ein sicheres Versteck in und um Königsberg hätte im Bereich der Möglichkeiten gelegen. Einer hätte es eigentlich wissen müssen: Alfred Rohde. Immer wieder wird gefragt, warum Alfred Rohde dem sowjetischen Kunsthistoriker Barsow, der nach Kriegsende im Raum Königsberg nach geraubten russischen Kunstschätzen fahndete, keine Auskunft gegeben habe. Wahrscheinlich wird es so gewesen sein, daß Alfred Rohde von der Vernichtung der Kunstsammlungen der Stadt Königsberg, und damit auch des Bernsteinzimmers, überzeugt war. Alfred Rohde und seine Frau starben kurz nacheinander im Dezember 1945 in Königsberg. Unter den zahlreichen Vermutungen über den Verbleib des Bernsteinzimmers hält sich hartnäckig eine Version. Georg Stein aus Stelle in der Nähe Hamburgs, der in den letzten Jahrzehnten erfolgreich nach geraubten russischen Kunstschätzen gefahndet hat, vermutet das Bernsteinzimmer in einer verschütteten Sohle eines Kalibergwerkes bei Volpriehausen (Nähe Göttingen). Im September 1945 ließ die britische Besatzungsmacht dieses Bergwerk untersuchen. An der Untersuchung nahm der von mir schon häufiger erwähnte Karl Andrée, nach dem Krieg Professor in Göttingen, als Sachverständiger teil. Er lebt nicht mehr. Das Ergebnis dieser Untersuchung war zunächst überraschend. In 15 Kisten verpackt wurden Archivalien (Schriftstücke, Urkunden, Akten), Bücher und auch Bernsteinkollektionen gefunden, die der Universität Königsberg gehört hatten. Diese Nachforschungen mußten beendet werden, nachdem eine Explosion den Eingang zur 660 m-Sohle verschüttete. Hier vermutet Georg Stein die Kisten mit den Paneelen des Bernsteinzimmers. Interessant ist auch ein Hinweis in einem Aufsatz in der von der sowjetischen Botschaft herausgegebenen deutschsprachigen Zeitschrift „Sowjetunion heute". Hier wird auf ein Telegramm hingewiesen, das ein SS-Sturmbannführer Ringel von der SS-Gruppe Nord-Ost Königsberg nach Berlin geschickt hat. Es soll gelautet haben: „Operation Bernsteinzimmer beendet. Objekt gelagert in B. Sch. W. V.". Die Abkürzungen werden gedeutet mit "B-Schacht Wittekind (Name des Bergwerkes), Volpriehausen". Sicherlich wäre es interessant, diese Quelle einmal weiter zu erforschen.

Die sowjetische Zeitschrift „Literaturnaja Gaseta" veröffentlichte ein Gespräch ihres Bonner Korrespondenten Julian Semjonow mit Georg Stein, wiedergegeben in „Sowjetunion heute". In diesem Gespräch sagte Semjonow: „. . . wird die Hoffnung ausgedrückt, daß die Bundesregierung über ihre verbal erklärte Bereitschaft, die Suche nach dem Bernsteinzimmer zu unterstützen, mit konsequenten Schritten hinausgeht". Ich schrieb deswegen den Herrn Bundeskanzler an und fragte ihn, welche Bundesregierung zu welcher Zeit wem gegenüber diese verbale Erklärung abgegeben habe. Mir wurde jedoch lediglich mitgeteilt, daß mein Anliegen an das Auswärtige Amt weitergeleitet worden sei. Dieses teilte mir mit (auszugsweise): „Ihre Frage im Zusammenhang mit dem Bernsteinzimmer läßt sich dahingehend beantworten, daß der Bundesregierung trotz einer großen Zahl entsprechender Hinweise bisher keinerlei gesicherte Erkenntnisse über den Verbleib des Bernsteinzimmers vorliegen".

In Riga arbeitet seit einigen Jahren die Familie Blinow, Vater, Mutter und Sohn, an einer Nachbildung des Bernsteinzimmers. Sie benötigen dafür etwa 1,2 t Rohbernstein, der gesägt, geschliffen, geschnitzt und poliert werden muß. Während beim Original die Mosaiken auf Holzpaneele geklebt waren, verwenden die Blinows Aluminiumblech. Die Nachbildung dürfte inzwischen fertiggestellt worden sein.

Ich werde oft nach dem Geldwert des Bernsteinzimmers gefragt. Ziemlich übereinstimmend wird er von verschiedenen Experten mit etwas mehr als 200 Millionen DM angegeben.

Vom Niedergang der Bernsteinverarbeitung

Um die Jahrhundertwende vom 18. zum 19. Jahrhundert erlosch das Interesse an Kunstwerken, Schmuck und Gebrauchsgegenständen fast völlig. Was war geschehen? Seit dem frühen Mittelalter hatte man vergessen, was die römischen Geschichtsschreiber Plinius und Tacitus schon wußten, daß Bernstein nämlich versteinertes Baumharz sei. So entstanden inzwischen die abenteuerlichsten Vorstellungen. Manche meinten, er wäre versteinerter Honig wilder Bienen, andere vermuteten, er wäre die versteinerte Frucht des Seetangs, insbesondere des Blasentangs. Die meisten dachten wohl überhaupt nicht darüber nach. In der Blütezeit der Bernsteinverarbeitung glaubte man allgemein, es handele sich um einen Edelstein oder zumindest um einen Halbedelstein. Die wissenschaftliche Durchdringung vieler Bereiche in der Zeit der Aufklärung insbesondere durch die Naturwissenschaften führte zur Wiederentdeckung der Kenntnis, wie und woraus Bernstein wirklich entstanden ist. Der russische Wissenschaftler Lomonossow, Sohn eines Fischers (er lebte Ende des 18. Jahrhunderts), hatte dies als erster festgestellt. Bestürzt über die Vorstellung, daß Bernstein kein Edelstein sondern ein pflanzliches Produkt sei, das man zwischen Seetang und Unrat an den Stränden der Meere findet, begann das Interesse an den Fürstenhöfen für diesen „gewöhnlichen" Stein nachzulassen. Zwar blieb noch im 19. Jahrhundert die Nachfrage aus bürgerlichen Kreisen nach Brautketten erhalten, aber insgesamt kam die Bernsteinverarbeitung weitgehend zum Erliegen. Im waldarmen Nordfriesland benutzte man Bernstein als Brennmaterial.

Die Strandlese

Es soll nun darauf eingegangen werden, wie man Bernstein gewinnt oder gewonnen hat. Von allen Gewinnungsarten ist die Strandlese die älteste. Strandlese gibt es auch heute noch, wenngleich die Ausbeute im Vergleich zu den Mengen des im Tagebau gewonnenen Bernsteins nur sehr gering ist. Lesen ist als Sammeln zu verstehen. Allerdings ist es nicht so, daß man zu jeder Tages- oder Jahreszeit an den Strand gehen kann, um dort Bernstein aufzusammeln, aufzulesen. Vor dem Lesen steht nun einmal das Suchen und das Finden. Bei Niedrigwasser (Ebbe) breitet sich vor den Nordseedeichen eine weite Landschaft aus: Watt und Sandbänke. Das Meer ist dann oft kilometerweit vom Deich entfernt. In dem schlickigen Watt suchen dann unzählige Meeresvögel nach Nahrung, und auf den Sandbänken ruhen sich manchmal Seehunde aus. Bei Niedrigwasser kann man von der Insel Föhr zur Insel Amrum wandern oder umgekehrt. Jedoch vom niedrigsten Wasserstand an fängt das Wasser wieder an zu steigen. Es kommt nicht in breiter Front daher, sondern füllt zu-

Einzelstück auf einer Nordseesandbank.

Ablagerungen von Pflanzenresten, Holzstückchen, Braunkohlegrus und Bernstein.

erst die Priele, die bach- und flußartigen Wasserläufe im Vorland vor dem Deich. Inseln entstehen, die immer kleiner werden und zuletzt verschwinden. In gut sechs Stunden ist das Wasser dann etwa drei Meter gestiegen. Wir haben Hochwasser (Flut). Jede Flut kann Bernstein mitbringen, aber bei ruhigem Wetter werden es nur wenige Stücke sein, die meistens an den Prielrändern losgespült worden sind. Jedoch einige Tage nach Vollmond und Neumond — Sonne und Mond stehen dann mit der Erde in einer Richtung — bewirken die dadurch entstehenden Kräfte ein stärkeres Auflaufen des Hochwassers, meistens um 1—3 dm. Das ist die Springtide. Nach dem Nachlassen der Springtide lohnt es sich mehr als an anderen Tagen nach Bernstein zu suchen, denn die größeren Wassermassen können von der offenen See Bernstein mitgebracht haben. Nach dem ersten und dritten Mondviertel, also jeweils nach Halbmond, schwächen sich die bei Vollmond und Neumond entstandenen Kräfte so weit ab, daß das Hochwasser wiederum 1—3 dm niedriger als das mittlere Hochwasser ist. Jetzt haben wir Nipptide. Bei Niedrigwasser und Nipptide wird ein größerer Teil des Watts oder der Sandbänke frei von Wasser, bei Ostwind mitunter um einige hundert Meter. Es ist eine wesentlich größere Fläche zum Bernsteinsammeln entstanden. Reicherer Bernsteinsegen ist jedoch erst nach stärkeren Stürmen zu erwarten, an der schleswig-holsteinischen Nordseeküste aus West bis Nordwest, an der niedersächsischen Küste aus Nord und an der Ostseeküste aus Ost. Bei starkem Nordweststurm kann es an der Nordsee eine Sturmflut geben. Das Wasser steigt dann um einige Meter über das mittlere Hochwasser. Eine Sturmflut nach Voll- oder Neumond steigt noch höher. Sie heißt dann Springflut. Die dadurch entstandene Strömung bringt vom offenen Meer Bernstein mit. Sie wühlt auch den Meeresboden vor den Deichen auf und spült Bernstein frei. Die Flut läuft nicht frontal auf die Küste zu. Vielmehr ist es so, daß der Gezeitenstrom an der Küste der Deutschen Bucht entlangläuft und von dort an die Deiche und an die Strände gelangt. Die Richtung, die jede Flut nimmt, läßt sich an den verschiedenen Hochwasserständen bestimmen. Wenn beispielsweise vor der Insel Borkum um 10 Uhr Hochwasser ist, hat Wangerooge um 11 Uhr, Eiderstedt um 12 Uhr und das dänische Esbjerg um 13 Uhr Hochwasser. Jede Flut verläuft also von der holländischen Grenze zuerst nach Osten in Richtung Elbmündung, dann an der schleswig-holsteinischen Küste entlang in Richtung Norden nach Dänemark. Der Ebbstrom nimmt denselben Weg zurück. Daß in dieser Strömung recht viel Bernstein mitgetrieben wird, wissen vor allem die Krabbenfischer, die häufig zwischen ihren Krabben Bernstein finden. Solche Bernsteinfunde werden unter der Mannschaft des Krabbenkutters gleichmäßig aufgeteilt. Manchmal übersehen die Fischer auch ein Stück, und es kommt immer wieder einmal vor, daß ein Käufer unter seinen Krabben ein Stück Bernstein findet. Während eines Sturmes hat es keinen Zweck, an der Nordseeküste Bernstein zu suchen. Die starke Unterströmung der Wellen treibt ihn wieder nach draußen. Rettungsschwimmer nutzen diese Unterströmung. Wenn sie die Brandung überwinden müssen, untertauchen sie die anlaufenden Wellen und gelangen durch diese Unterströmung schneller nach draußen. Erst wenn der Sturm nachgelassen hat oder auf Ost umgesprungen ist, gehen die Bernsteinsammler los. Von den Dänen an der Nordseeküste erzählt man sich, daß sie einige Fensterläden bei Westwind nicht verschließen, damit diese zuklappen, wenn der Wind auf Ost umspringt. Das Klappen der Fensterläden ist dann für sie ein Zeichen, sofort auf Bernsteinsuche zu gehen, auch bei Nacht. Taschenlampen oder Sturmlaternen werden dann mitgenommen. Nach schweren Stürmen findet man Bernstein oft in der Nähe von Prielmündungen, an den Rändern der Lahnungen — das sind die mit Faschinen (zusammengebundenes Buschwerk von etwa 1,80 m Länge) gefüllten doppelten Holzpflockreihen, die der Landgewinnung dienen oder auch die Deiche sicherer machen — mitunter sogar auf der Böschung des Seedeiches. Meistens liegt Bernstein nicht als Einzelstück irgendwo im Sand oder im Schlick, es sei denn, es sind größere Stücke. Beim Bernsteinsammeln sollte man immer Ausschau nach dunklen Sandverfärbungen halten. Sie bestehen aus Pflanzenresten, zerkrümelten, wassergetränkten, kleinen Holzstückchen und Braunkohlegrus. Bedingt durch Windstärke, Windrichtung und Meeresströmungen sind diese dunklen Verfärbungen an manchen Stellen zusammengetrieben worden und haben sich nach dem Ablaufen des Wassers abgelagert. Darin befindet sich sehr häufig Bernstein, dessen spezifisches Gewicht etwa dem dieser Ablagerungen entspricht. Manchmal treiben diese dunklen Verfärbungen noch im Wasser. Besonders bei Sonnenschein kann man manch schönes Bernsteinstück im Wasser schwebend finden. Zum Bernsteinsuchen sollte man etwa zwei Stunden nach Hochwasser losgehen. Viele suchen sich einen bestimmten Strandabschnitt aus und gehen auf diesem Abschnitt mit dem ablaufenden Wasser hin und her. Die Auswahl des Standortes ist durch die Windrichtung bedingt. Am aussichtsreichsten ist es dort, wo ein leichter Wind genau von vorn weht. Bis die Flut wieder einsetzt, hat man noch vier Stunden Zeit. Im Sommer sieht man viele Urlauber auf Bernsteinsuche. Im Winterhalbjahr trifft man mehr auf die professionellen Sammler. Ein junger Mann, der außerhalb der Saison, wenn er arbeitslos ist, mit einem selbst gebastelten Handscheinwerfer auch während der Dunkelheit nach Bernstein sucht, bringt es im Winterhalbjahr auf etwa 2 kg. Er verkauft den Bernstein an Bernsteinschleifereien und bessert damit seine Arbeitslosenunterstützung auf.

Zur Zeit kostet 1 g Bernstein 0,50 DM. Viele Schüler aus dem Internat des Nordsee-Gymnasiums St. Peter-Ording bessern durch Bernsteinverkauf ihr Taschengeld auf. Nur selten gibt es an der Nordsee einen regelrecht üppigen Bernsteinsegen. 1969 war ein solches Jahr. Rule v. Bismarck berichtet in seiner Broschüre „Bernstein — das Gold des Nordens" darüber: „Auch 1969 ging es an der Eiderstedter Küste wieder von Mund zu Mund: Bernstein liegt zentnerweise im Watt. Durch Saugbagger wurde aus dem Heverstrom Sandmaterial für den Deichbau bei Ülvesbüll hochgespült. Dabei müssen reiche Bernsteinnester angeschnitten worden sein. Auch schöne große Stücke über 2 kg waren darunter". 1980 wurden in der Elbe westlich des Stadtrandes von Hamburg, immerhin noch 80 km von der Nordsee entfernt, Baggerarbeiten durchgeführt. In dem ausgebaggerten, abgelagerten Sand wurde Bernstein gefunden. Ein regelrechtes Bernsteinfieber brach aus. Mit Spaten und Harken wurde der Sand durchwühlt, und mancher fand mehrere hundert Stücke. Das größte Stück wog 750 g. Viele solcher Bernsteinnester liegen sicher unter dem Land der Köge, dem aus der Nordsee und der Elbmündung gewonnenen Neuland, den Marschen. Eine Bauersfrau erzählte, daß beim Brunnenbau auf ihrem Grundstück unter dem Marschboden in der Sandschicht Bernstein gefunden wurde. Was über die Strandlese an der deutschen Nordseeküste bisher gesagt wurde, gilt auch für die dänische Nordseeküste. Ergiebig in der Ausbeute sind die Strände der Inseln Römö und Fanö, sowie der Halbinseln Stavning und Blavands Huk. Nach Norden hin, etwa an der Jammerbucht, sind die Vorkommen geringer.

An der Ostsee gibt es keine Gezeiten. Wer Bernstein finden will, muß auf Sturm warten: Auf Nordwest im ostpreußischen Samland, auf Nord und Nordwest an der pommerschen und mecklenburgischen Küste, auf Ost in Schleswig-Holstein. In der Stadthymne der ostpreußischen Hafenstadt Pillau heißt es: „Bei Sturm aus Nordwest treibt Bernstein herbei . . .“. Der Sturm wühlt in Küstennähe den Meeresboden auf, mitunter bis hin zur „Blauen Erde“. Die tiefen Wellen reißen den auf dem Meeresgrund wachsenden Seetang los. Dadurch löst sich auch der dort im Grund liegende Bernstein. Zusammen mit dem Seetang treibt der Sturm den Bernstein auf die Küste zu. Starker Sturm wirft beides auf den Strand. Manchmal ist ein Bernsteinstück von den Wurzeln einer Blasentangpflanze umklammert. Die Oststürme, die zu Beginn des Jahrs 1979 zur Schneekatastrophe in Schleswig-Holstein führten, warfen tonnenweise Seetang auf den Strand. Wer diesen Seetang gründlich durchsuchte, hat so manches Stück Bernstein darin gefunden. Die größten Mengen werden aber immer noch an den Strand der Samlandküste geworfen. K. Andrée berichtet, daß im Jahre 1862 in einer einzigen Sturmnacht bei Palmnicken auf einer Strandlänge von etwa 7 km rund 2 000 kg Bernstein, also 40 Zentner, gelesen wurden. Die Ausbeute mußte mit etlichen Wagenfuhren vom Strand abtransportiert werden. Aber nicht immer wird der bernsteinführende Seetang an den Strand geworfen.

Schöpfen, Stechen, Tauchen

Wenn der Sturm über der Ostsee abflaut, sinkt der losgerissene, aber nicht auf den Strand geworfene bernsteinhaltige Seetang wieder auf den Meeresgrund zurück. Vom Strand aus, noch besser von der Höhe der samländischen Seeberge kann man die Seetangfelder an der dunklen Verfärbung gut erkennen. Die Bewohner der Strandgemeinden wissen: im Seetang ist Bernstein enthalten. Sie denken: der Seetang kann wieder hinausgetrieben werden, er kann

Gewinnung des Seebernsteins durch Schöpfen an der samländischen Küste.

auch an der Küste entlangdriften und am Strand einer anderen Gemeinde angetrieben werden. Deshalb muß sofort mit dem Schöpfen, dem Herauskeschern des Seetangs aus dem Wasser begonnen werden. Kescher sind Netze an einem Eisenring von einem guten halben Meter Durchmesser. Der Eisenring ist mit einer langen Stange verbunden. Die Bernsteinfischer tragen meistens Ölzeug. In früherer Zeit schützten sie sich durch bis über die Hüften reichende Lederkürasse vor Nässe und Kälte. Damit konnten sie weit ins Wasser hineingehen. Im Mittelalter, zur Zeit der Bernsteinherren und Bernsteinpächter, mußte ohne jegliche Kleidung geschöpft werden. Bernsteindiebstähle sollten dadurch von vornherein ausgeschlossen werden. Wenn man bedenkt, daß hauptsächlich nach schweren Stürmen, die in der Regel im Winterhalbjahr auftreten, geschöpft wurde, kann man ermessen, welche Strapazen damit verbunden waren. Eine Urkunde berichtet, daß noch im Jahre 1538 die Bewohner einer Strandgemeinde in einer Eingabe an ihren Bernsteinherren beantragten, nicht mehr nackt schöpfen zu müssen. Die Bernsteinfischer warfen den aus dem Wasser gekescherten Seetang auf den Strand und durchsuchten ihn mit flinken Händen. So manch schönes, größeres Stück verschwand in ihren Taschen. Kinder konnten meistens noch eine ergiebige Nachlese halten. An den Küsten der Ostsee wird heute noch nach Bernstein geschöpft, besonders an der heute polnischen Küste, wie einem kürzlich erschienenen polnischen Bernstein-Bildband zu entnehmen war.

Das Stechen nach Bernstein wird heute kaum noch ausgeübt. Früher fuhren die Bernsteinstecher mit ihren Ruderbooten auf See hinaus, blieben aber in flacherem Gewässer. Es mußte nach Möglichkeit sonnig und windstill sein, damit die Wasseroberfläche klar und ruhig ist. Die Bernsteinstecher versuchten vom Boot aus, Bernstein auf dem Grund der See zu entdecken. Leuchtete dann ein auf dem Grund liegendes oder im Sand festsitzendes Stück Bernstein auf, so wurde es mit einer langen Stange, einer Art Speer mit einem Spachtel am unteren Ende, losgestochen und von einem anderen mit einem Kescher aufgenommen. Die übrigen Männer sorgten dafür, daß das Boot im Gleichgewicht blieb, und hielten Ausschau nach weiterer Beute. Häufig waren es Steinfischer, die das Bernsteinstechen ausübten. Steinfischer holten mit Hilfe einer vierarmigen Steinzange und Flaschenzügen Steine vom Meeresgrund in ihre etwas größeren Boote und verkauften sie an die Wasserstraßenämter, die sie unter anderem zum Molenbau und zur Uferbefestigung verwendeten. Oberbergrat Wilhelm Runge berichtet, daß er 1868 mehrere hundert Boote beim Bernsteinstechen vor der samländischen Küste bei Brüsterort gezählt habe.

In den sechziger Jahren des vorigen Jahrhunderts wurde der Taucheranzug erfunden. Das brachte die Firma Stantien und Becker, damals Inhaber der Schwarzorter (Ort auf der Kurischen Nehrung) Bernsteinbaggerei, auf die Idee, Taucher nach Bernstein suchen zu lassen. Die Firma erwarb 1869 von der Regierung das Recht zum Tauchen nach Bernstein, und sofort begannen etwa 20 Taucher mit ihrer Arbeit, wieder vor Brüsterort. Das Stechen nach Bernstein wurde daraufhin fast gänzlich aufgegeben. Karl Andrée berichtet, daß zeitweilig bis zu 160 Bernsteintaucher an rund 200 Tagen im Jahr tätig waren. Als die Ausbeute vor Brüsterort geringer wurde, verlagerte man diese Art der Bernsteingewinnung an die Küste vor Palmnicken. Im Jahre 1881 wurden dort noch durch Tauchen 14 168 kg Bernstein gewonnen, aber auch hier wurden die Erträge immer geringer. 1891 wurde die Bernsteintaucherei aufgegeben.

Der durch Stechen und Tauchen gewonnene Bernstein hatte einen hohen Handelswert, denn die in der Tiefe der See gefundenen Stücke waren fest und spaltenfrei.

Naßbaggerei im Kurischen Haff bei Schwarzort

Von Memel führte eine Fahrrinne durch das Kurische Haff nach Cranzbeek am Fuße der Nehrung. Diese Fahrrinne verschlickte und versandete schnell. Immer wieder mußte sie ausgebaggert werden, um sie schiffbar zu halten. Dabei wurde häufig Bernstein zu Tage gefördert. Allein 1855 waren es 450 kg. Besonders auf der Höhe des Fischerdorfes Schwarzort gab es reichliche Funde. Das lag daran, daß der Grund der Fahrrinne bis an die bereits erwähnte stark bernsteinhaltige Schicht der „Blauen Erde" heranreichte. Diese Erkenntnis bewog den Fischer und Gastwirt Wilhelm Stantien und den Kaufmann Moritz Becker, eine Firma zu gründen, die mit technischen Hilfsmitteln aus dem Grunde des Kurischen Haffes Bernstein gewinnen wollte. In seinem Roman „Der leichte Stein" schildert Hans Lucke, er war nacheinander an den Wasserstraßenämtern Memel und Pillau als Diplom-Ingenieur tätig, die Entwicklung der Naßbaggerei vor Schwarzort. Danach begann die Firma Stantien und Becker 1860 mit drei Handbaggern die „Blaue Erde" vom Grund des Haffes heraufzuholen, um sie nach Bernstein zu untersuchen. Unter einem Handbagger muß man sich einen großen Sack aus geteertem Segeltuch vorstellen, dessen Öffnung ein Rechteck aus geschärftem Stahl bildet. Zwei daran befestigte Seile verbinden ihn mit zwei auseinander liegenden Kähnen. Von einem Kahn wurde der Handbagger an einem Seil auf den Grund des Haffes niedergelassen. Von dem zweiten Kahn aus wurde er über den Grund gezogen, bis er sich mit Erde oder Sand gefüllt hatte. Das geschah mittels einer Handwinde. Mit Hilfe eines Flaschenzuges wurde er an Bord des anderen Kahnes gehievt, und der Inhalt wurde entleert und nach Bernstein untersucht. Dann wurde der Handbagger wieder herabgelassen und zum ersten Kahn gezogen. Aber die Bernsteinausbeute war enttäuschend. Erst als die Firma dampfgetriebene Eimerketten-Bagger einsetzte, mit denen man bis zu einer Tiefe von 11 m baggern konnte, stellte sich der Erfolg ein. Die „Blaue Erde", die nun in größerer Menge durch Rohrleitungen an Land gespült wurde, war außerordentlich bernsteinhaltig. Immer mehr Personal mußte eingestellt werden: Männer für die Baggerei, Frauen zum Sortieren. Auf dem Höhepunkt der Bernsteinbaggerei hatte der Betrieb rund 1000 Beschäftigte. Zeitweilig waren 22 Bagger im Einsatz. Doch auch hier gingen die Erträge im Laufe der Jahre immer mehr zurück. 1890 wurde die Arbeit eingestellt. In der Zeit dieser Naßbaggerei im Kurischen Haff wurden zwischen 1860 und 1890 pro Jahr durchschnittlich 75 000 kg Bernstein gewonnen. Aber nicht nur durch die Mengen des gewonnenen Rohbernsteins ist Schwarzort bekannt geworden. Durch die Naßbaggerei wurden zahlreiche jungsteinzeitliche Kunstwerke (Artefakte) vom Haffboden zu Tage gefördert. Neben röhrenförmigen Perlen, Knöpfen, Nachbildungen von jungsteinzeitlichem Werkzeug und doppelschneidigen Streitäxten fand man auch naive Tierfiguren. Fast alle Artefakte weisen Bohrungen auf, so daß man mit Sicherheit annehmen kann, daß sie von Menschen als Anhänger getragen worden sind. Was aber Schwarzort von allen anderen jungsteinzeitlichen Bernsteinverarbeitungs-Gebieten unterscheidet, sind die nur hier gefundenen menschlichen Figuren. Diese Figuren sind ziemlich klein. Die größte mißt etwa 8 cm. Dicht an einem breiten, gedrungenen Körper befinden sich die Arme, während die Beine nur aus Stümpfen bestehen. Das Gesicht ist an der Andeutung von Augenbrauen und einer Nase zu erkennen. Insgesamt fand man etwa 1500 Artefakte, welche alle der Universität Königsberg übergeben wurden. Diese Sammlung ist unter dem Namen „Schwarzorter Bernsteinschatz" bekannt geworden. Sie befindet sich heute im Besitz der Universität Göttingen. Es stellt sich nun die Frage, wie dieser von Menschenhand bearbeitete Bernstein auf den Grund des Kurischen Haffes gelangt ist. Auf keinen Fall lagen diese Stücke in der „Blauen Erde", denn diese Ablagerung stammt ja aus dem Ende des Eozäns, einer Zeit also, in der es noch keine Menschen gab. Nach Karl Andrées Untersuchungen befanden sich die meisten Artefakte in einer Schicht des Haffbodens, die aus Sand und Spuren verrotteten Seetangs bestand. Er vermutet, daß sie aus jungsteinzeitlichen Gräbern stammen, die einmal an der Samlandküste lagen, aber durch Abrutschungen an das Meer verloren gingen. Es ist bekannt, daß sich die samländische Steilküste durch Erdabrutschungen immer weiter zurückverlagert hat. Mit solchen Abrutschungen sind früher sicherlich auch Häuser und eben Grabstätten, oft reichlich mit Grabbeigaben versehen, ins Meer gestürzt. Die dadurch ins Meer gelangten leichten Bernsteinartefakte drifteten nun, zum Teil mit Seetang vermischt, vorwiegend nach Osten ab. Das muß zu einer Zeit geschehen sein, als die Kurische Nehrung noch nicht entstanden war. Noch heute werden auf dem Grund des Haffes und an der baltischen Küste vereinzelt Bernsteinartefakte aus der Jungsteinzeit gefunden.

Bernsteingewinnung durch Untertagebau

Schon Jahrhunderte vor Beginn der bergmännischen Bernsteingewinnung wußten manche Küstenbewohner, daß es an einigen Stellen der samländischen Steilküste bernsteinführende Schichten gab. Unter großen Gefahren gruben sie dort nach Bernstein. In der Mitte des 17. Jahrhunderts versuchten auf Veranlassung des Kurfürsten von Brandenburg erstmals mitteldeutsche Bergleute Stollen von der Abbruchkante der Steilküste in die Seeberge hineinzutreiben. Über den Ausgang dieses Unternehmens ist nur bekannt, daß es bald wieder aufgegeben wurde. Man war wohl nicht in der Lage, die Stollen in dem nassen, sandigen Boden genügend zu befestigen und damit sicher zu machen. Über hundert Jahre später war ein zweiter Versuch schon erfolgreicher. Zwischen 1782 und 1806 wurden an verschiedenen Stellen der Samlandküste Schächte niedergebracht, von denen aus die sogenannten gestreiften Sande (Sand mit Spuren von „Blauer Erde" vermischt) mit Erfolg nach Bernstein durchsucht wurden. Aber auch diese Arbeiten wurden bald wieder eingestellt, einfach weil sie zu gefährlich wurden. Im Jahre 1867 erwarb die Firma Stantien und Becker, die wir ja schon von der Naßbaggerei bei Schwarzort und von der Bernsteingewinnung durch Taucher kennen, das Recht auf Bernsteingewinnung im Untertagebau bei Palmnicken. Die Grube „Anna" entstand. Ihre Schächte wurden nun bis hinunter in die Schicht der „Blauen Erde" geführt. Bald arbeitete die Grube „Anna" mit gutem Erfolg. Die durchschnittliche Tagesförderung betrug 1250 kg. Im Jahre 1899 verkaufte die Firma Stantien und Becker – gesundheitliche Gründe waren ausschlaggebend – ihren Untertagebaubetrieb an den preußischen Staat, der wiederum die Preußische Bergwerks- und Hütten-Aktiengesellschaft (Preussag) mit der weiteren Bernsteingewinnung betraute. Untertagebau wurde bis 1922 betrieben. Er mußte aufgegeben werden, weil die oft kilometerlangen Stollen immer unsicherer geworden waren. Um das schwere, nasse Erdreich zu stützen, mußten besonders starke Holzstempel verwendet werden. Doch diese wurden sehr schnell vom Schwamm befallen und dadurch bald morsch. Durch das häufige Auswechseln der Stempel war der Holzverbrauch sehr groß. Das führte zu hohen Sach- und Personalkosten, die schließlich den Untertagebau unrentabel machten.

Bernsteingräberei

Es wurde schon berichtet, daß auch Bernsteingräberei betrieben wurde. Sie war seit dem Ende des 16. Jahrhunderts bekannt. Die erste urkundliche Erwähnung stammt aus dem Jahre 1585. In diesem Jahre erhielt der Danziger Bernsteindrehermeister Andreas Meurer vom Markgrafen Georg Friedrich von Preußen die Konzession, an der Samlandküste bei Lochstädt (zwischen

Die Rosenorter Schlucht — ein durch Bernsteingräberei zerstörter Teil der samländischen Steilküste.

den Städten Pillau und Fischhausen) nach Bernstein graben zu dürfen. Bernsteingräber waren keine Bergleute. Ihre Arbeitsmittel waren Spaten, Schaufel und Hacke. Damit gruben sie sowohl vom Rand der Steilküste und von Flußböschungen kurze Stollen, ständig in Gefahr vor dem zusammenstürzenden Erdreich, als auch von der Oberfläche kurze Schächte, wahrscheinlich so tief, wie ihre Leitern reichten, um die Erde nach Bernstein zu untersuchen. Die Bernsteingräberei war nicht auf das Samland beschränkt. Zwar wurde bei Neukuhren, Rauschen, Gr. und Kl. Kuhren, Brüsterort, Gr. Dirschkeim, Gr. Hubnicken, Kraxtepellen und Palmnicken erfolgreich nach Bernstein gegraben, aber auch im südlichen Ostpreußen, an den Ufern der Weichselmündung, in der Tucheler Heide auf der Insel Usedom und vor allem am Narew, einem Nebenfluß der Weichsel. Im Narew-Gebiet, am Ende des Warschau-Berliner Urstromtals gelegen, wurden 1840 etwa 60 Bernsteingräbereien betrieben. Die Ausbeute aus der Bernsteingräberei war deshalb schon ein einträgliches Geschäft, weil sie nicht durch das Bernsteinregal beeinträchtigt wurde. Über gegrabenen Bernstein gab es keine Aussage im Bernsteinregal, weil diese Gewinnungsart zur Zeit der Einsetzung des Regals durch den Ritterorden noch nicht bekannt war. Er brauchte deshalb auch zunächst nicht abgeliefert zu werden. Statt eines geringen Festpreises, den die Bernsteinherren für den am Strand gefundenen Bernstein zahlten, regelten nun Angebot und

Nachfrage den Preis, der in der Regel erheblich höher ausfiel. Das bewog die Herzöge von Preußen, die Erträge aus Gräbereien in das Regal mit einzubeziehen, also Besitzanspruch auf gegrabenen Bernstein zu erheben. Diese Neuregelung galt jedoch nur für die Samlandküste, die zum Herzogtum Preußen gehörte. Aber die Ablieferungsmenge war nur gering und die Gräbereien in den unübersichtlichen Schluchten schwer kontrollierbar. Deshalb verpachtete später der preußische Staat die Gräbereien an Privatunternehmer. In den Jahren zwischen 1811 und 1837 lag die gesamte samländische Bernsteingräberei in den Händen der Firma Douglas. Sie beschäftigte 1819 etwa 600 Arbeiter. Mit der Pachtung der Bernsteingräberei erwarb die Firma auch das Bernsteinregal, das heißt, daß jeglicher gewonnene Bernstein an sie verkauft werden mußte. Unter Karl Douglas' Leitung stiegen die Erträge enorm. Für die Jahre 1824 bis 1835 wird ein jährlicher Durchschnittsertrag von 13 000 kg Bernstein angegeben. Das sind 260 Zentner, eine beträchtliche Menge, wenn man bedenkt, wie leicht Bernstein ist. Die Erträge hatten sich, verglichen mit der Zeit vor der Verpachtung, verdreifacht. Der größte Verdienst von Karl Douglas besteht jedoch darin, daß er bei der preußischen Regierung die Abschaffung des Strandeides erreichte. Niemand mußte sich mehr abmelden. Niemand war mehr zur Anzeige verpflichtet, wenn er erfuhr, daß jemand gefundenen Bernstein nicht abgeliefert hatte. Der Strand durfte zu jeder Tages- und Nachtzeit betreten werden. Auch Fremde durften an den Strand, wenn sie im Sommer an der See Erholung und Erfrischung suchen wollten. Bald entstanden die ersten Seebäder (Cranz, Rauschen, Neuhäuser). Nachdem Karl Douglas 1837 den Pachtvertrag gekündigt hatte, wurden die Gräbereirechte an verschiedene Bewohner der Strandgemeinden verpachtet. Sie hatten jedoch nur wenig Betriebskenntnisse und auch wahrscheinlich zu wenig Betriebsmittel, um die Gräberei sachgemäß, das heißt ohne Zerstörung der Küste, durchführen zu können. Ihr einziges Interesse bestand darin, durch schnelle Ausbeute zu gutem Gewinn zu kommen. Dieser Raubbau führte zu zahlreichen Rutschungen an der Steilküste und damit zu Landverlusten. Das konnte aber nicht im Interesse der Regierung liegen. Sie kündigte alle Pachtverträge und übertrug 1870 das alleinige Recht auf Bernsteingräberei auf die schon mehrfach erwähnte Firma Stantien und Becker, die zunächst einmal alle Bernsteingräbereien stillegte.

Bernsteingewinnung im Tagebau

Noch während die Förderung von Bernstein im Untertagebau weiterging, wenn auch unter immer größeren Schwierigkeiten, wurde 1913 zwischen Palmnicken und Kraxtepellen ein Tagebau-Bergwerk errichtet. Um an die etwa 6 bis 9 m dicke Schicht der „Blauen Erde" heranzukommen, mußten 30 bis 40 m Erdreich abgetragen werden. Die ersten 15 m schaffte ein Hochbagger,

Palmnicken Bernstein-Bergwerk

Bernsteingewinnung im Tagebau bei Palmnicken.

63

Spülen und Sortieren im Bernsteinwerk Palmnicken.

den Rest ein Tiefbagger. Ein Schwenkbagger förderte die „Blaue Erde" zu Tage, die auf dem Schienenweg ins Bernsteinwerk tranportiert wurde. Dort wurde zuerst die tonige Masse durch Wasserstrahlen aufgelöst. Nun floß die blaue Brühe in die tiefer gelegene Wäsche, wo sie durch Siebe abfloß. Bernstein bis hinab zu einer Größe von 3 mm Durchmesser blieb in den Sieben hängen. Der so gewonnene Bernstein wurde in mit Wasser gefüllten Fässern gereinigt. Das besorgten rotierende scharfe Besen. Dann folgte das Trommeln. In drehbaren Holztrommeln, die mit Wasser und feinem Sand gefüllt waren, wurde der Bernstein so lange bewegt, bis auch die letzten Reste der „Blauen Erde" und der größte Teil der Verwitterungsrinde entfernt waren. Mädchen- und Frauenhände sortierten nach dem Trommeln an einem langen Tisch die Stücke nach Größe und Reinheit. Die größeren, schöneren Stücke wurden zur weiteren Verarbeitung zu Schmuck und kunstgewerblichen Erzeugnissen nach Königsberg gebracht. Das war ein knappes Drittel des Gesamtertrages. Die anderen zwei Drittel wurden zusammen mit den Abfällen, die aus Königsberg nach der Bernsteinverarbeitung zurückgekommen waren, der industriellen Verwertung zugeführt. Daraus wurden in Palmnicken beispielsweise Bootslacke und Preßbernstein hergestellt. Jährlich wurden durch den Tagebau durchschnittlich 500 bis 600 t Bernstein gewonnen. 1937 waren es sogar 650 t. Der Tagebau wurde bis zum Ende des zweiten Weltkrieges betrieben. Nach dem Ausbruch des 2. Weltkrieges wurden die Bernsteinwerke zum „Kriegswichtigen Betrieb" erklärt. Ein zu dieser Zeit dort tätiger Buchhalter erzählte, daß die deutsche Luftwaffe Hauptabnehmer der Bernsteinlacke gewesen sei. Wegen der geringen Leitfähigkeit wurden Bernsteinlack und Preßbernstein als Isoliermaterial beim Flugzeubau verwendet.

Am 15. April 1945 wurde Palmnicken von sowjetischen Truppen besetzt. Ende der siebziger Jahre gelang es dem deutschen Journalisten Helmut Peitsch, den von der Sowjetunion besetzten nördlichen Teil Ostpreußens (Bezirk Kaliningrad) zu bereisen. Palmnicken durfte er nicht besuchen. Es liegt in einem Sperrgebiet. Aber er erfuhr einiges über den heutigen Zustand der ehemaligen Bernsteinwerke Palmnicken. Aus dem Werk war das Bernsteinkombinat Jantarnyj entstanden, das ist die russische Ortsbezeichnung für Palmnicken. Jantar ist das russische Wort für Bernstein. Der Ortsname ließe sich also mit Bernsteinstadt oder Bernsteinstätte übersetzen. Der sowjetische Ortskommandant Major Kerif Rizaew wurde erster Direktor des neu begründeten Kombinats. Nach Ausbesserung der durch die Kampfhandlungen entstandenen Schäden konnte 1947 die Förderung wieder aufgenommen werden. Zuerst wurde mit deutschem Material gearbeitet, später mit Geräten aus der Sowjetunion. Nach letzten Angaben (Sowjet-Enzyklopädie 1978) betrug die jährliche Förderung 450 t. Ein Planziel von 1000 t jährlich ist vorgesehen. In Rauschen, dem heutigen Swetlogorsk, ist ein neues Tagebau-Bergwerk entstanden. Im Kombinat Jantarnyj arbeiten rund 2000 Personen, davon viele in den dort eingerichteten Bernsteinverarbeitungsstätten. Zu deutscher Zeit waren in Palmnicken etwa 700 Menschen beschäftigt.

Industrielle Verarbeitung von Bernstein

Um die letzte Jahrhundertwende trafen zwei völlig entgegengesetzte Fakten aufeinander: dem fast vollständigen Niedergang jeglicher Bernsteinverarbeitung zu Schmuck-, Gebrauchs- und Kunstgegenständen standen große Erträge durch Naßbaggerei, Stechen und Tauchen, durch Untertagebau und Tagebau geförderten Bernsteins gegenüber, eine enorme Menge im Vergleich zu Erträgen durch Strandlese. Hier hatten nun Überlegungen einzusetzen, wie diese Mengen gewinnbringend vermarktet werden konnten. Deshalb war es notwendig, neue Märkte zu erschließen, auf denen sowohl der Rohbernstein als auch Bernsteinerzeugnisse abgesetzt werden konnten. Auf die Herstellung von Lackfarben aus Bernsteinkolophonium wurde schon hingewiesen. Beträchtliche Mengen wurden dafür gebraucht, denn die Nachfrage war im Deutschen Reich und auch im Ausland sehr groß. Ein großer Teil des Bernsteins wurde zu Preßbernstein verarbeitet. Preßbernstein ist fester als Rohbernstein. Wegen der außerordentlich großen Widerstandsfähigkeit gegen alle möglichen Säuren, Laugen und Alkalien (ätzende Flüssigkeiten) fand er immer mehr Verwendung in der chemischen Industrie. Hauptsächlich von der Münchener Firma Lautenschläger wurden Becher, Schalen, Büretten (zylindrische Röhren zum Abmessen von Flüssigkeiten), Ampullen, Blutaufbewahrungs- und Transfusionsgefäße aus Preßbernstein hergestellt und fanden guten Absatz. Bernstein, insbesondere Preßbernstein, ist ein schlechter Wärmeleiter, besitzt also eine große Isolierfähigkeit. Wegen dieser Fähigkeit fand er in der sich zu Beginn dieses Jahrhunderts immer stärker entwickelnden Elektroindustrie Verwendung. Wer mit einem Silberlöffel seinen heißen Grog umrühren möchte, kann den Löffel kaum anfassen, weil er sehr heiß ist, denn Silber ist ein guter Wärmeleiter. Hat der Löffel an seinem Stielende aber einen Bernsteinkopf, so kann man diesen getrost anfassen, denn er behält seine normale Temperatur. Mohammedanische Pfeifenraucher schätzen Mundstücke aus Bernstein, zumal ihnen Mundstücke, die von einem Tier stammen (z. B. Horn), aus religiösen Gründen untersagt sind. Wichtiger scheint jedoch zu sein, daß Bernsteinmundstücke nicht heiß werden. Wien hatte um die Jahrhundertwende die bedeutendsten Verarbeitungsstätten für Lieferungen von Bernsteinerzeugnissen in die mohammedanische Welt. Außer Mundstücken waren es auch aus allerfeinstem Bernsteinstaub hergestellte Räucherkerzen und -stäbe. Schließlich gab es auch immer noch Nachfrage nach Gebetsschnüren.

So fand der auf verschiedene Weise bearbeitete Bernstein im In- und Ausland Verwendung und damit guten Absatz. In der Bundesrepublik gibt es industrielle Verarbeitung von Bernstein nicht mehr. Kunstharze und Kunststoffe haben ihn ersetzt.

Die Staatliche Bernsteinmanufaktur Königsberg

Nach dem ersten Weltkrieg (1914 bis 1918) ging der Bernsteinexport stark zurück. Das war durch die allgemeine Verarmung vieler Länder, auch durch den Verfall vieler Währungen, so auch unserer, bedingt. Vor dem ersten Weltkrieg wurden noch 70 % des Rohbernsteins und 90 % des Preßbernsteins exportiert. Angesichts der geförderten Bernsteinmengen, die auf weitere Verarbeitung warteten, konnte man dem Exportausfall nur mit einer wesentlich stärkeren Erschließung des Inlandsmarktes begegnen. Ein wichtiger Schritt auf diesem Wege war die Gründung der Staatlichen Bernsteinmanufaktur GmbH, Königsberg, im Jahre 1926. Sie entstand aus dem Zusammenschluß von fünf privaten, unrentabel arbeitenden Einzelfirmen aus Königsberg, Danzig und Berlin unter Beteiligung der Preussag. Den Alleinverkauf übernahm zunächst die Vertriebsgesellschaft der Staatlichen Bernsteinmanufaktur mit dem Sitz in Danzig. Später entstanden Verkaufsstellen in Berlin, Düsseldorf, Essen, Frankfurt a. M., Freiburg i. B., Hamburg, Stettin, Stuttgart, Karlsbad und Wien. Zunächst wurde an der Manufaktur traditioneller Schmuck hergestellt, wie Ringe, Ketten, Broschen, Ohrringe, Armbänder, Anhänger, daneben auch Gebrauchsgegenstände wie Zigarren- und Zigarettenspitzen, Manschettenknöpfe und Schmuckkästchen. Daneben wurde aber eine ganz neue Konzeption entwickelt, die zum Inhalt hatte, daß alles, was hergestellt wurde, hohen handwerklichen, kunsthandwerklichen und künstlerischen Ansprüchen genügen sollte. Dazu waren gründliche innerbetriebliche Ausbildung und Fortbildung notwendig. Um dieser Aufgabe zu genügen, stellte die Manufaktur den Bernsteinschnitzer Jan Holschuh als künstlerischen Leiter ein. In der Entwurfsabteilung war zeitweilig die sonst selbständige Goldschmiedin Tony Koy tätig. Es wurden Bernsteindreher und Bernsteinschnitzer ausgebildet. Während die Dreher hauptsächlich auf die Herstellung von Schmuck und Bernsteinwaren vorbereitet wurden, führte man die Schnitzer an künstlerische Arbeiten heran. Beide jedoch mußten zu Beginn ihrer Ausbildung das „Klöven" lernen, das ist das Behacken der Rohlinge zu bestimmten Vorformen mit einem beilförmigen Meißel. Es wurde viel mit der Hand gearbeitet. In dem Wort Manufaktur sind die lateinischen Wörter „manus" = Hand und „facere" = machen enthalten. Jedes Stück Bernstein mußte mit der Hand geführt werden, wenn es geklövt, gesägt, geschliffen, gedrechselt oder poliert wurde, selbst wenn Werkzeuge einen großen Teil der eigentlich Arbeit übernahmen. Wenn man bedenkt, daß beim Facettieren einer größeren Bernsteinperle etwa 500 Schliffe notwendig sind, die mit freier Hand in mathematisch genauer Ordnung angebracht werden müssen, um die Facetten (kleine Rautenflächen) entstehen zu lassen, so ist allerhöchste Konzentration, Erfahrung und Geschicklichkeit Voraussetzung. In Königsberg wurde an einer waagerecht rotierenden Scheibe facettiert. Die zu bearbeitende Perle wurde zum Facettieren für nur einen winzigen Augenblick unter einem bestimmten, immer gleichbleibenden Druck auf die Scheibe gepreßt.

Schwebende.
Halbrelief eines
Bernstein auf
Holzsockel.
Höhe 21 cm.
Königsberg 1930.

Pferdegruppe aus einem Stück Bernstein. Ludwig Kähler, Königsberg 1929.

Ostpreußenschrein mit den Wappen der ostpreußischen Kreise. Höhe 29 cm, Länge 49 cm, Breite 30 cm. Nach einem Entwurf von Jan Holzschuh, Königsberg 1938.

Bald zeigte die sorgfältige Ausbildung an der Manufaktur Früchte. Unter den Händen der Bernsteinschnitzer entstanden figürliche Darstellungen von Menschen und Tieren, sowie Mosaik- und Einlegearbeiten. Diese Arbeiten waren in ihrer Qualität und Schönheit denen der Bernsteinkünstler früherer Jahrhunderte durchaus ebenbürtig. Sie unterschieden sich aber gegenüber den Arbeiten früherer Bernsteinkünstler durch schlichte Formgebung und entsprachen dadurch stärker dem Geschmack der Menschen in der ersten Hälfte unseres Jahrhunderts. Viele Aufträge für die Manufaktur kamen vom Staat, auch von Vereinen, Verbänden, Parteien und Behörden. Sehr häufig wurden als Preise für besondere Leistungen oder auch als Ehrungen silberne Schalen mit Einlegearbeiten aus Bernstein vergeben. Manchmal waren es auch Menschen- und Tierfiguren, meistens auf einem hübschen Holzsockel. Von den Einlegearbeiten ist wohl die große Silberschale am bekanntesten, deren Rand mit Bernsteineinlegearbeiten verziert ist und deren Mittelfläche die Provinz Ostpreußen mit Danzig und Memelland in hellem Bernstein darstellt. Von schlichter Schönheit ist der Ostpreußenschrein, eine ganz mit Bernsteinmosaiken bedeckte Truhe. Auf der Vorderseite schmücken sie die Wappen der ostpreußischen Kreise, alle aus Bernstein geschnitzt. Wer sich allerdings vorstellt, daß der Schrein die Größe von Truhen hätte, wie sie auf den Fluren norddeutscher Bauernhäuser stehen, wird ein wenig enttäuscht, weil er nur etwas größer als ein Brotkasten ist. Die größte Arbeit der Manufaktur ist die Nachbildung der Kogge „Danzig" aus Bernstein. Sie wurde nach mehrjähriger Arbeit von einer Arbeitsgruppe der Manufaktur 1937 fertiggestellt. Die Nachbildung ist 98 cm hoch und 120 cm lang. Auf mehreren Weltausstellungen warb sie für deutsche Bernsteinverarbeitung. Im zweiten Weltkrieg befand sie sich in der Türkei. Dort blieb sie bis zum Kriegsende und wurde dann der Preussag übergeben. Im 6. Stock des Verwaltungsgebäudes der Preussag in Hannover kann sie bewundert werden.

Der Verlust der deutschen Ostgebiete machte dieser neuen Blütezeit der Bernsteinverarbeitung ein Ende. Diese Zeit währte nicht einmal zwei Jahrzehnte. Grund dafür sind die einfach zu geringen Bernsteinfunde an den uns verbliebenen Küsten. Weder in der Bundesrepublik noch in der DDR ist nach dem Kriege eine neue Bernsteinmanufaktur entstanden. Zwar gibt es bei uns Bernsteinschleifereien, sogar kleine und mittlere bernsteinverarbeitende Betriebe, aber der Schwerpunkt der Bernsteinverarbeitung liegt heute in der Sowjetunion: in Jantarnyj (Palmnicken), Klaipeda (Memel), Palanga (Polangen) und Vilnius (Wilna). Die Ausfuhr von Bernstein aus der Sowjetunion in Länder mit harter Währung wird in Kaliningrad (Königsberg) abgewickelt. Dort gibt es seit einigen Jahren wieder ein Bernsteinmuseum.

Nachbildung der Kogge „Danzig" aus Bernstein. Höhe 98 cm, Länge 120 cm, Königs-
berg 1937 (Preussag, Hannover).

Zu Besuch bei Alfred Schlegge

In Detmold vollendete vor einiger Zeit der Bildhauer und Bernsteinschnitzer Alfred Schlegge sein sechzehntes Bernsteinschiff. Es ist eine Nachbildung der Corvette „Roter Löwe" mit drei Masten unter vollen Segeln, bestückt mit achtzehn Kanonen. Die gelb-bräunlichen Segel scheinen sich im Winde zu bauschen. In einem lebhaften Hell, hervorgerufen durch die Verwendung von hellem, milchig-weißem Bernstein, leuchtet der untere Teil des Rumpfes. Feine eingefräste Rillen, mit roter Ausziehtusche gefüllt, stellen am Großsegel das Wappen dar und verzieren auch Bug und Heck. Sie geben dem „Roten Löwen" an diesen Stellen einen rötlichen Schimmer. Die Nachbildung dieser Corvette gehört zu den kleineren Schiffen. Sie ist 41 cm lang und 38 cm hoch. Bevor Alfred Schlegge ein neues Schiff „auf Kiel" legt, beschäftigt er sich mit der Geschichte des Schiffes. Leider ist von der Geschichte dieses Schiffes wenig bekannt. Er konnte nur erfahren, daß es auf einer niederländischen Werft erbaut wurde, worauf es von Königsberger Kaufleuten erworben wurde. Diese setzten es als Konvoischiff zum Schutze ihrer Handelsschiffahrt ein. Heimathafen war Pillau. Mit welchem Erfolg dieses Schiff eingesetzt wurde und welches Schicksal es einmal hatte, blieb unbekannt. Für seine Arbeit standen ihm die Zeichnungen eines Grundrisses des Decks und einer Seitenansicht zur Verfügung. Die Errechnung des Maßstabes ist von der zur Verfügung stehenden Bernsteinmenge abhängig, die der Auftraggeber liefert.

Nun beginnt die handwerkliche Arbeit. Ein Rumpf aus Lindenholz wird geschnitzt und mit einer Sperrholzplatte in Größe des Decks verleimt. Dieser Holzrumpf, Golddraht für die Takelage sowie feine Stahlstifte zur Stabilisierung der Masten und des Klüverbaumes sind die einzigen Materialien, die nicht aus Bernstein sind. Jetzt werden die zur Verfügung stehenden Bernsteinstücke in Scheiben geschnitten, die größeren maschinell mit einer Bandsäge, die kleineren mit einer Laubsäge. Diese Scheiben werden zu geometrischen Formen geschliffen, zu Quadraten, Rechtecken, Trapezen oder Dreiecken, wie die Grobform es gerade vorgibt. Unnötiger Verlust durch Abfall soll dadurch verhütet werden. Die meisten dieser Scheiben müssen nun Wölbungen oder Biegungen erhalten, um dem Rumpf angepaßt zu werden oder Teil eines Segels zu werden. Das geschieht ausschließlich durch Schleifen. Ein kleines gewölbtes Stück eines Segels wird aus einer Scheibe geschliffen. Dabei geht leider fast die Hälfte verloren. Sie ist zu feinem weißlichen Bernsteinstaub geworden, der nicht wieder verwendet wird. Die komplizierteren Teile, dazu gehören die Kanonen, die Beiboote, die Einzelteile der Masten, die Decksaufbauten und die Verzierungen, werden durch Fräsen und Bohren hergestellt. Wie der Zahnarzt einen Bohrer handhabt, so arbeitet der Bernsteinschnitzer mit Fräse und Bohrer. Fräsen sind kleine Stahlstifte, deren Köpfe aus verschieden großen Rundmeißeln bestehen. Bernsteinschnitzer arbeiten also nicht mit Schnitzmessern. Immer wieder müssen die Einzelstücke jetzt dem Ganzen angepaßt werden. Immer wieder muß noch nachgeschlif-

Nachbildung der Fregatte „Wappen von Hamburg" aus Bernstein. Höhe 130 cm, Länge 151 cm, Alfred Schlegge, Detmold 1971.

fen, nachgebohrt, nachgefräst werden, ehe das Stück poliert werden kann. Jetzt geht die Arbeit über das Handwerkliche hinaus. Der Künstler entscheidet, wie er die Vielfalt der Farben des Bernsteins nutzt, um dem Schiff einen farblich ausgewogenen, zugleich aber lebhaften Gesamteindruck zu vermitteln. Die polierten Stückchen werden nun aufgeklebt und miteinander verklebt. Alfed Schlegge verwendet dafür einen von ihm selbst entwickelten Spezialkleber, dessen Zusammensetzung er nicht preisgibt. Bis dann die Segel mittels des 0,3 mm dünnen Golddrahtes an den Rahen befestigt sind und das Spannen und Knüpfen der Takelage dem ganzen Schiff einen Halt gibt, vergehen noch viele Arbeitsstunden. Die ersten beiden Bernsteinschiffe Alfred Schlegges entstanden noch in Königsberg. Alle weiteren Bernsteinschiffe sind im Auftrag der Firma Friedrich Kolletzki aus Erbach im Odenwald hergestellt worden, welche auch den Rohbernstein lieferte. Unter seinen Nachbildungen ist auch das größte aller Bernsteinschiffe überhaupt, die Fregatte „Wappen von Hamburg". Dieses Schiff wurde nach dreijähriger Bauzeit 1971 fertiggestellt. Dazu wurden 40 kg Bernstein benötigt. Es ist 151 cm lang und 130 cm hoch. Fast 60 m Golddraht im damaligen Werte von rund 2000 DM wurden als Takelage verarbeitet. Die fertige „Wappen von Hamburg" wurde von der Firma Kolletzki dem Bernstein- und Elfenbeinmuseum Erbach im Odenwald als Leihgabe zur Verfügung gestellt, wo sie als Star unter den anderen Ausstellungsstücken viele Besucher anzieht. In ihren Ausmaßen übertrifft sie den „Prototyp" aller Bernsteinschiffe, die Kogge „Danzig" aus der Königsberger Bernsteinmanufaktur.

An dieser Manufaktur begann Alfred Schlegge 1938 eine Lehre als Bernsteindreher. Man wurde bald auf sein Geschick und seine künstlerischen Fähigkeiten aufmerksam und übernahm ihn deshalb ein Jahr später in die Bernsteinschnitzerlehre, die er 1941 erfolgreich abschloß. Danach war er bis zu seiner Einberufung zur Wehrmacht an der Manufaktur als Bernsteinschnitzer tätig. 1943 wurde er von der Manufaktur mit der Restaurierung des Bernsteinzimmers betraut, das nach einem Dachstuhlbrand im Königsberger Schloß leichten Schaden genommen hatte. Auch an der Bernsteinkogge „Danzig" hatte er Restaurierungsarbeiten durchzuführen, als sie einmal mit kleinen Schäden von der Weltausstellung aus Madrid zurückkam. Dabei entstand in ihm der Wunsch, selbst einmal ein Bernsteinschiff zu schaffen.

Nach dem Kriege verschlug es Alfred Schlegge zunächst in die sowjetische Besatzungszone, wo er in Wismar ein Bildhauerstudium abschloß. 1957 fand er seinen endgültigen Wohnsitz in Detmold. Dort arbeitet er in einem Werk, in dem er auf die Gestaltung und Herstellung von Gegenständen aus Plastik Einfluß nimmt, die in der Werbung verwendet werden. In seiner Freizeit ist er jedoch künstlerisch tätig. Aus Holz, Gips, Ton, Stein und Elfenbein entstehen seine Figuren, meistens Menschen- und Tiergestalten. Aber immer wieder reizt es ihn ganz besonders, Bernstein zu bearbeiten. Wahrscheinlich ist sein sechzehntes Bernsteinschiff nicht sein letztes gewesen.

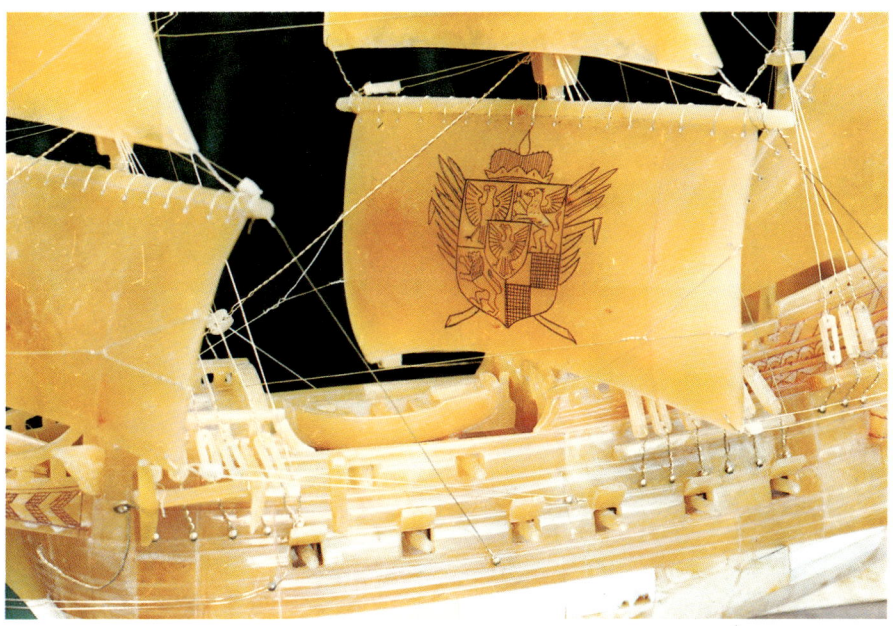

Corvette „Roter Löwe", Alfred Schlegge.

Tierminiaturen, Alfred Schlegge.

Einfache Bearbeitung von Bernstein

Schon in vorgeschichtlicher Zeit gab es Menschen, die Bernstein bearbeiteten. Wir erinnern uns an die gebohrte Bernsteinperle aus der Gegend von Ahlfeld, an das Rentierjägeramulett von Meiendorf, an die Doppelstreitaxtkette von der Insel Sylt, an die Menschenfiguren aus dem „Schwarzorter Bernsteinschatz". Wir erinnern uns auch an die Theorie Rule von Bismarcks, wonach die Menschen der Steinzeit Bernstein mit nassem, feinem Sand auf der Innenseite eines Tierfelles geschliffen und auf der Außenseite poliert haben. Die Urformen der Bernsteinbearbeitung haben sich im Grunde bis heute nicht geändert. In der Bernsteinwarenfabrik Köllner in Stuttgart sind die maschinellen Arbeitsgänge von Rohmaterial bis zum fertigen Schmuckstück zu beobachten. Die Hauptarbeitsgänge sind dabei Schleifen und Polieren geblieben. Schleifen, um den Rohling in die gewünschte Form zu bringen, und Polieren, um ihm einen schönen Glanz zu geben. Wer selbst einmal Bernstein bearbeiten möchte, um vielleicht einen hübschen Anhänger herzustellen, sollte sich zunächst einen Stein aussuchen, welcher der gewünschten Form am nächsten kommt. Zum Schleifen sollte man zuerst gröberes, dann feines Sandpapier benutzen. Wenn die beabsichtigte Form gefunden ist, sieht der Stein noch stumpf und unansehlich aus. Oft sind noch feine Rillen vom Schleifen zu erkennen. Deshalb beginnt jetzt das Polieren.

Manche benutzen Zigarrenasche. Ein vorzügliches Poliermittel ist Schlämmkreide, fein gemahlene, im Wasser durch Schlämmen gereinigte Kreide. Da Schlämmkreide die Grundsubstanz aller Zahnpasten ist, empfiehlt der Däne Torben Juul, Verfasser des reich illustrierten Bernsteinbüchleins „Rav" (dänisch gesprochen = rau), Zahnpasta als Poliermittel. Auch Alfred Schlegge reichert seine aus Leinen bestehende Polierscheibe mit Schlämmkreide an, die allerdings aus einem festen Block besteht. Von Zeit zu Zeit drückt er diesen Block an die rotierende Polierscheibe. Zum Polieren eignen sich auch allerlei Putzmittel für Küche und Haushalt, Bimssteinpuder, das die Zahntechniker benutzen, um die Zähne an Zahnprothesen glänzend zu machen, sowie verseifte Stahlwolle, die man in der Küche zum Reinigen von Töpfen und Pfannen verwendet. Mit Stahlwolle geht es am besten. Während man nämlich beim Reiben mit einem feuchten Lappen, der in Bimssteinpuder gedrückt wurde, den Bernstein mit einer Hand stillhalten und den Lappen mit der anderen Hand bewegen muß, ist es beim Reiben auf einem Stück verseifter Stahlwolle umgekehrt. Man bewegt den Bernstein hin und her und kann dadurch eine größere Fläche intensiver polieren und wird auch schneller fertig. Wenn das Bernsteinstück von Poliermittelresten gesäubert und abgetrocknet ist, sollte man niemals das kurzfristige Erhitzen durch Reibung vergessen. Das gibt erst den letzten schönen Glanz. Wenn der selbst angefertigte Anhänger nun soweit fertig ist, fehlt noch die Bohrung eines Loches zum Befestigen der Kette. Welche Mühe hatten unsere steinzeitlichen Vorfahren, die Bohrungen auszuführen. Seit der Eisenzeit braucht nicht mehr gebohrt zu werden.

Diese Arbeit konnten nun glühende, dünne Eisenstäbe übernehmen. Es gibt auch heute noch bernsteinverarbeitende Heimwerker, die durch das Bernsteinstück eine glühende Nadel hindurchdrücken, wo das Loch entstehen soll. Dieses Verfahren muß aber schnell abgeschlossen sein, denn wir wissen ja, wie leicht Bernstein brennt. Zum Bohren eines Loches in ein Stück Bernstein genügt ein elektrischer Handbohrer. Weitere Geräte braucht man nicht. Es ist nicht schwierig, mit freier Hand zu bohren. Man nimmt dann das Stück Bernstein zwischen Daumen und Zeigefinger der einen Hand und führt den Bohrer mit der anderen. Aufgestützte Ellbogen geben der Arbeit eine größere Sicherheit. Selten zerbricht beim Bohren ein Stück. Sehr empfindlich sind allerdings glasklare Stücke. Zum Aufziehen einer Kette genügt eine 0,8 mm-Bohrung. Ein Anhänger sollte aber mindestens eine 1 mm-Bohrung erhalten, damit der Bolzen der Kettenhalterung hindurchgedrückt werden kann.

Bernstein im Volksglauben und in der Medizin

Eine ältere Dame erzählte, daß ihr Gelenkrheumatismus verschwunden sei, seitdem sie ständig Bernstein am Körper trägt, insbesondere Armbänder. Eine andere erzählt von einer Verwandten, deren Schilddrüsenleiden sich gebessert habe, seit sie Bernsteinketten trägt. Als Nichtmediziner kann man solche Aussagen nur zur Kenntnis nehmen. Es kann weder bestätigt werden, daß es so ist, noch kann strikt behauptet werden, daß Bernstein keine heilende oder lindernde Wirkung habe. Vielleicht war die Krankheit von selbst abgeklungen, vielleicht hat der Glaube geholfen. Oder gibt es doch eine Wirkung, die unter Umständen noch nicht völlig erforscht ist? Dieser Stein, der schon den Menschen der Vorzeit als Jagdzauber und als Glücksbringer und gleichzeitig zur Abwehr allen Unglücks, zum Beispiel Krankheiten, gedient hat, übt also auch heute noch einen gewissen Einfluß auf Menschen aus. Dies gilt besonders für seine Wirksamkeit als Heilmittel. Schon Plinius berichtet von den Frauen nördlich des Po, die zur Verhütung von Halskrankheiten — in den Alpen leiden viele Menschen wegen des geringen Jodgehaltes des Wassers an Kropf (Vergrößerung der Schilddrüse) — Bernsteinketten tragen. Noch weit über das Mittelalter hinaus gab es kaum Apotheken, die nicht Bernsteinpulver, Bernsteinöl und -säure in ihrem Bestand hatten, um damit Medizinen zu mischen, die bei fast allen Krankheiten Genesung oder Linderung bringen sollten. So wurde bei Ohrenschmerzen eine Salbe verordnet, die aus Honig, Rosenöl und Bernsteinpulver gemischt wurde. Herzog Albrecht von Preußen schickte Martin Luther, der viel unter Nierensteinen zu leiden hatte, ein schönes Stück Bernstein mit dem Wunsch, daß der gute Stein die bösen Steine vertreiben möge. Daß Betende heute noch gern Rosenkränze und Gebetsschnüre aus Bernstein benutzen, läßt doch den Glauben an eine ganz besondere ihm innewohnende Kraft vermuten. Allerdings meint Karl Andrée dazu, daß der Glaube daran in unserer Zeit von der Freude an der Schönheit dieses edlen Steines überstrahlt wird.

Literatur-Nachweis

Andrée, Karl, Der Bernstein und seine Bedeutung in Natur und Geisteswissenschaften, Kunst und Kunstgewerbe, Industrie und Handel. Gräfe und Unzer, Königsberg 1937

Andrée, Karl, Der Bernstein. Das Bernsteinland und sein Leben. Kosmos, Stuttgart 1951

Bismarck, Rule v., Bernstein — das Gold des Nordens. Wachholtz, Neumünster 1972

Bölsche, Wilhelm, Im Bernsteinwald. Kosmos, Stuttgart 1927

Grabowska, Janina, Polish amber (englische Übersetzung aus dem Polnischen). Interpress Publishers, Warsaw 1983

Jampolskaja, Natascha, Die Nachbildung des Bernsteinzimmers. Monatszeitschrift „Sowjetunion heute", Köln Nr. 10/1979 S. 18

Jülicher, Karl, Bernstein, Gold des Nordens. Monatszeitschrift PAN Nr. 4/1982 S. 74 — 80, Burda, Offenburg

Juul, Torben, Rav — et naturprodukt. Skarv, Holte (Dänemark) 1980

Kudnig, Margarete, Im Bernsteinland. Landsmannschaft der Ostpreußen, Hamburg, ohne Jahresangabe

Lucke, Hans, Der leichte Stein. Rautenberg, Leer 1970

Meinhold, Wilhelm, Die Bernsteinhexe. Rütten und Loening, Potsdam, ohne Jahresangabe

Peitsch, Helmut, Wir kommen aus Königsberg. Rautenberg, Leer 1980

Pruszak, H. Joachim, Der Bernsteinweg. Ullstein, Berlin 1983

Reineking v. Bock, Gisela, Bernstein. Das Gold der Ostsee. Callwey, München 1981

Rohde, Alfred, Bernstein, ein deutscher Werkstoff. Seine künstlerische Verarbeitung vom Mittelalter bis zum 18. Jahrhundert. Denkmäler der Kunst, Berlin 1937

Schlee, Dieter, Bernstein. Staatl. Museum Schloß Rosenheim, Stuttgart 1978

Schubert, Kurt, Chemisch-physikalische Prozesse im Innern des baltischen Bernsteins. Natur und Museum, Frankfurt a. M. 1964

Stahl, E. G., Die Mücke im Bernstein. Heyne, München 1977

Weidner, Herbert, Insektenleben im Bernsteinwald. Kernen, Stuttgart 1952

Weidner, Herbert, Die Bernsteintermiten der Sammlung des Geologischen Staatsinstituts Hamburg. Geologisches Staatsinstitut Hamburg 1955

Weitschat, W., Leben im Bernstein. Städtisches Museum Bielefeld 1981

ohne Verfasser, Die Spur führt in den Wittekind-Schacht. Monatszeitschrift „Sowjetunion heute", Köln Nr. 2/1980 S. 16 und 17

ohne Verfasser, Bernstein. Geschichte, kulturelle und wirtschaftliche Bedeutung des Deutschen Goldes. Preussag, Königsberg 1939

sowie — Lateinisches etymologisches Wörterbuch, Bd. 2 S. 621. J. B. Hoffmann, Heidelberg 1954

— Oxford Latin Dictionary Fasc. VIII S. 1858. Ed. P. G. W. Glare, Oxford 1982

— Material aus dem Archiv von Hans Haase, Königsfeld im Schwarzwald (Nachlaß des Bergrates Hans Loebner, zeitweilig Direktor der Bernsteinwerke Palmnicken und Königsberg).

Bild-Nachweis

Abb. S. 13—15 aus: Bölsche, „Im Bernsteinwald", Stuttgart 1927, mit freundlicher Genehmigung der Franckh'schen Verlagshandlung, Stuttgart.

Abb. S. 29—34: Fotos entstanden 1984 mit Genehmigung und Mithilfe des „Muzeum archeologiczne w Gdansku" (Archäologisches Museum Danzig).

Abb. S. 36 aus: M. P. J. Hartmann, „Succini Prussici", 1677.

Abb. S. 44—46 aus: Rohde, Alfred, „Bernstein, Ein deutscher Werkstoff", Berlin 1937, mit freundlicher Genehmigung des Deutschen Vereins für Kunstwissenschaft.

Abb. S. 68 und 69 u.: Foto aus: Ostpreußisches Jagdmuseum Lüneburg.

Abb. S. 69 o.: Foto aus: Deutsches Elfenbeinmuseum Erbach/Odw.

Inhaltsverzeichnis